CULTURE ET TAILLE

DE LA VIGNE.

CULTURE ET TAILLE

DE

LA VIGNE,

PAR

Le Docteur ÉCORCHARD,

Professeur de Botanique et Directeur du Jardin des Plantes, à Nantes.

NANTES,

L. GUÉRAUD, Imprimerie-Librairie du passage Bouchaud.

—

1849.

4

AVANT-PROPOS.

Parmi les questions sociales actuellement agitées, il en est une qui domine toutes les autres, celle de la *production du sol*.

On a, jusqu'à ce jour, cherché trop exclusivement la solution de cette question dans le capital. Ce ne sont ni les champs, ni les fabriques, ni les usines qui nourrissent et vêtissent l'agriculteur et l'industriel, pas plus que l'or et l'argent ne nourrissent et ne vêtissent le commerçant, entremetteur obligé de toute nation civilisée; mais bien *les produits de leur force, de leur puissance matérielle ou intelligente*. Ce sont ces forces qu'il est important d'évaluer et d'harmoniser. Là gît toute la question.

Admettons, en effet, que l'on trouve la pierre philosophale, telle qu'on l'entend vulgairement: des mines inépuisables d'argent, d'or et de diamants. Les pièces de cinq et de vingt francs vaudront cinq ou vingt sous, voilà tout. On n'aurait ni une livre de pain, ni une livre de viande, ni une bouteille de vin, ni un kilogramme de fil ou de laine de plus.

Voulez-vous prévenir la terrible crise sociale qui nous menace? Voulez-vous exercer une salutaire influence sur les difficultés du moment et surtout de l'avenir? Voulez-vous arracher le peuple à ses souffrances, calmer la misère et répandre l'aisance? Tâchez de découvrir, d'analyser et de bien diriger les forces susceptibles d'accroître et d'améliorer les produits du sol, qui seul renferme les éléments vrais de prospérité. Tâchez de montrer à tous que c'est en fouillant le sol, que c'est en l'étudiant et en cherchant les moyens d'en tirer le meilleur parti possible, que l'on marchera vers la découverte de la véritable pierre philosophale, qui consiste à amener l'abondance, et par suite la solution de la question du bon marché des subsistances et des vêtements.

Le sol, véritable source où l'on trouve richesses, bonheur et tranquillité, ne demande qu'à être fouillé, bien géré et bien cultivé, pour répandre ses trésors. Il attend tout de la présence de l'homme, il est l'ennemi déclaré de la *centralisation :* non de la centralisation politique, non de la centralisation administrative; mais de la *centralisation des hommes et des choses.* Ce sont les intelligences, les bras, les écus, trop groupés, trop *centralisés* aujourd'hui, qu'il est important de répartir d'une manière plus égale, et d'harmoniser de façon à répondre à l'intérêt général de la France, pays essentiellement agricole.

Ne savons-nous pas que sur trente-six millions de Français, il y en a vingt-six millions attachés au sol, ne vivant que de l'agriculture exclusivement, et que sur les dix millions restants, plus de la moitié ne vivent en définitive que par l'agriculture, c'est-à-dire par les emplois, par les charges publiques, par les industries, par les divers commerces qu'elle nécessite, qu'elle provoque, qu'elle entretient, qu'elle solde par le plus net de ses produits, et qui souffrent ou prospèrent selon qu'elle souffre ou qu'elle prospère elle-même.

Il faut donc relever l'agriculture sur tous les points et dans toutes ses branches, lui faire rapidement atteindre le degré de perfection et de rendement dont elle est susceptible, et se hâter de prendre toutes les mesures et les dispositions qui peuvent assurer ce résultat : car il est prouvé que la France ne peut tirer que de l'agriculture sa richesse publique, sa tranquillité, son bien-être, sa force, son éclat, sa puissance.

Parmi les nombreuses mesures tentées ou proposées jusqu'à ce jour, la plus importante, à notre avis, est celle qui consiste à répandre l'instruction agricole. C'est en décentralisant les bonnes méthodes de culture, en vulgarisant et en faisant connaître toutes les forces dont l'agriculture peut disposer et tous les moyens d'augmenter et d'améliorer ses produits, que l'on parviendra à faire cesser l'attraction puissante que les villes exercent sur la population rurale, et à fixer l'homme au sol par l'appât du gain et des jouissances. Rien n'est en effet plus propre que la science à prouver aux cultivateurs intelligents que des richesses prodigieuses sont ensevelies sous leurs pieds, qu'il dépend d'eux de les exhumer, que la production agricole est loin d'avoir atteint ses dernières limites, et que le progrès sous ce rapport est encore possible.

Puissent les essais que je me propose de publier sur la culture des arbres et des arbrisseaux les plus utiles des climats tempérés, convaincre de cette vérité les cultivateurs, et leur montrer à quel haut degré il est possible de porter en peu d'années leurs productions, en adoptant une méthode de culture susceptible de maintenir l'équilibre entre la puissance vitale et productive des végétaux, et les forces matérielles, physiques ou chimiques auxquelles ils sont soumis.

Au nombre des plantes dont nous désirons augmenter et améliorer les produits, sur une étendue donnée, il en est peu de plus répandues que la vigne.

Commençons nos études par cet arbrisseau précieux, et disons de suite que s'il est peu de cultures plus utiles, il en est peu aussi de plus mal entendues, de plus contraires au bon sens ; surtout celle de la vigne en espalier, la seule en usage dans les départements situés au nord de Paris.

Presque partout les jardiniers font courir les cordons sur le haut des murs, et laissent les pousses se développer à leur guise en haut, en arrière, en avant et même en bas. Il en résulte un fouillis sous lequel les arbres de l'espalier sont étouffés ; et les raisins, enfouis dans cette forêt de rameaux, avortent, ou bien ne mûrissent qu'imparfaitement, quand ils mûrissent.

Cependant il existe çà et là, nous nous empressons de le reconnaître, d'industrieux cultivateurs qui ont depuis longtemps introduit dans la culture de la vigne d'excellentes méthodes. Tels sont, à quelques kilomètres de Fontainebleau, les habitants de Thomery, célèbres pour la culture de la vigne en espalier. Ces cultivateurs ont augmenté d'une manière incalculable la quantité et la qualité de leur récolte en basant leur méthode sur la végétation naturelle de la vigne; c'est-à-dire, sur la physiologie végétale, dont l'étude approfondie aide et éclaire chaque jour la culture de nos plantes les plus utiles.

Suivons leur exemple, et commençons par étudier la manière d'être, le naturel, en quelque sorte, de la plante dont nous voulons tirer parti; demandons-nous ce qu'est la vigne, comment elle végète, comment elle pousse, comment elle vit, comment elle forme son fruit. Nous en déduirons ensuite le mode de culture auquel nous devons la soumettre pour en obtenir le plus de produit possible. Si nous parvenons à prouver qu'il est facile de lui faire rapporter 40 grappes de raisin de première qualité par mètre carré d'espalier, nous aurons atteint le but que nous nous sommes proposé, et contribué selon nos faibles moyens à la solution du problème le plus digne de fixer l'attention de nos agronomes et de nos hommes d'Etat. Ce *problème* consiste à *augmenter les produits du sol en recourant non à la création de forces nouvelles plus ou moins chimériques, mais uniquement à un emploi et à une répartition mieux entendus de celles dont la Société dispose.*

Nous n'aurons donc besoin ni d'inventer des utopies, ni de tout bouleverser : ce n'est pas dans un art pratiqué depuis la naissance du monde que l'on doit aspirer à ne faire que du nouveau. Nous nous bornerons à analyser et à faire apprécier les meilleures méthodes connues de nos jours; à encadrer et à présenter convenablement les faits qui les constituent, à éclairer et à étayer ces faits par des préceptes puisés dans la nature et dans les habitudes de la plante dont nous voulons améliorer, augmenter et vulgariser les produits, tout en lui sacrifiant moins d'espace et moins de temps.

—

CULTURE ET TAILLE

DE LA

VIGNE.

Notions générales sur la Vigne, sur la nomenclature de ses différentes parties, et sur sa végétation naturelle. — Conclusions que l'on doit en tirer sous le rapport de l'horticulture et de l'agriculture.

—

La vigne commune, *vitis vinifera* (Linn.), confinée autrefois dans les climats chauds ou tempérés, et surtout dans l'Arabie Heureuse et l'Inde, ses véritables patries, est aujourd'hui répandue dans les différentes parties du monde. Elle appartient à la pentandrie monogynie du système sexuel de Linné, et est le type d'une famille naturelle de Jussieu. Cet admirable végétal, dont la culture a obtenu un nombre infini de variétés, est un grand arbrisseau sarmenteux qui n'est arrêté dans son développement que par l'abaissement de température. Ses racines (*R.*, *pl. I*, *fig.* 1) sont fibreuses, latérales et traçantes, plutôt que pivotantes; sa tige (*T.*, *même fig.*), appelée *cep* ou *souche* dans le langage des vignerons, est sarmenteuse et munie dans son jeune âge de nœuds ou bourrelets plus ou moins renflés et distants les uns des autres. Elle est recouverte par une écorce de couleur brune, plus ou moins foncée, et si faiblement adhérente au bois qu'elle s'en détache continuellement, soit par écailles, soit en longs et étroits filaments. Ce fréquent changement des parties corticales fait que l'aubier passe promptement à l'état de bois parfait, et que toute la partie ligneuse du pourtour est d'une grande densité.

Ses branches, plus ou moins longues et flexibles, désignées sous les noms de *bras* ou de *membres*, sont ordinairement palissées horizontalement sur l'espalier, et forment un ou plusieurs *cordons* (C^1., *même fig.*) sur lesquels on voit des espèces de chicots de bois durs (C^2.), plus ou moins longs et plus ou moins contournés, connus sous les noms de *coursons*, *branches coursonnes* ou *coqs*; ce sont les branches fruitières de la vigne.

Chaque *courson* porte un, deux ou un plus grand nombre de rameaux (*S. S.*) nés au printemps de l'année précédente. On les désigne sous le nom de *sarments*.

Ces *sarments* ou rameaux d'un an portent des nœuds plus ou moins distants, d'où sortent des yeux (*B. B.*) appelés par les jardiniers *bourres*, *boutons* ou *bourgeons*. Chacun d'eux est muni de trois ou quatre écailles coriaces sous lesquelles se trouve une fourrure fine et serrée de couleur blanche ou rousse, propre à les garantir de la pluie et des gelées, et à faire supporter à la vigne le froid de nos hivers. C'est cette fourrure, sans doute, qui a valu le nom de *bourre* aux yeux de cet arbrisseau.

Chaque bourre est simple ou double, et accompagnée d'un sous-œil et quelquefois de deux. Ces sous-yeux, presque invisibles au moment de la taille, restent ordinairement latents; mais ils sont susceptibles de se développer, lorsqu'ils y sont sollicités par une taille courte, par l'ébourgeonnement ou par accident. C'est une ressource qui semble ménagée par la nature pour permettre aux vignerons de bifurquer les ceps, ou pour remplacer la bourre dans le cas où celle-ci aurait péri par une gelée de printemps. Ainsi la gelée n'est point un mal sans remède. Le sous-œil, en effet, parti plus tard que la bourre, se développe alors à sa place et peut encore porter de beaux fruits, s'il n'est pas atteint lui-même par le froid.

Notons qu'outre les yeux normaux, il en sort souvent d'autres du vieux bois; que ceux-ci sont stériles, mais utiles, comme nous le verrons plus tard, pour renouveler les coursonnes; que tous ceux qui se trouvent portés par le bois d'un an, sont généralement tout à la fois à bois et à fruit. N'oublions pas ce fait; il domine tous les autres par son importance.

Sur tous les autres arbres à fruit, la branche existe d'abord, issue d'un œil désigné sous le nom d'œil à bois; puis sur cette branche naissent des yeux, les uns à bois, les autres à fruit. Ces derniers se rencontrent soit sur du bois de la dernière sève, soit sur du vieux bois; mais toujours la branche à fruit *préexiste* à tout bouton à fleur, à toute production fruitière. Dans la vigne, au contraire, nous le répétons, l'œil ou bourre contient presque toujours ensemble bois et fruit; de sorte que la formation du fruit et du bois qui le porte est simultanée.

Notons encore que chaque sarment (*pl. I, fig.* 2) porte à son talon, au-dessous de la première bourre bien développée, une *sous-bourre* (*S-B.*) distincte du sous-œil qui accompagne ordinairement chaque bourre, et, à l'opposé, une *contre-bourre* (*C-B.*) généralement assez apparente à l'époque de la taille; que ces bourres du talon, moins développées que les autres, mais escortées comme elles de sous-yeux cachés ou peu visibles, restent souvent endormies, lorsqu'elles ne sont pas excitées par une taille courte; qu'elles sont néanmoins susceptibles de se développer et de produire de beaux et bons fruits sous l'influence d'une taille méthodique et bien entendue.

Ainsi, toutes les *bourres, sous-bourres* et *contre-bourres*, de même que les sous-yeux qui les accompagnent, peuvent être regardées comme autant d'embryons fixes plus ou moins susceptibles, dans nos climats, de se développer dès le mois d'avril, et de donner naissance à des pousses qui se transforment plus tard en sarments.

Ces jeunes pousses (*fig.* 3), enveloppées à leur naissance de ce même duvet roussâtre qui, dans la bourre, est si abondant, présentent plus tard, de distance en distance, des nœuds d'où sortent les feuilles, les pédoncules florifères ou grappes, et les vrilles, qui ne sont que des pédoncules stériles et dégénérés. Les deux, trois ou quatre premiers nœuds ne portent que des feuilles; les deux, trois ou quatre suivants portent une feuille d'un côté et une grappe de l'autre; passé la septième feuille et quelquefois avant, les pédoncules tournent en vrilles qui se divisent, s'allongent et se contournent pour trouver des appuis. Il n'y a donc plus de grappes à attendre lorsque la septième feuille a paru, du moins dans nos espèces ordinaires.

Les feuilles longuement pétiolées sont alternes sur les rameaux, de grandeur et de forme diverses suivant les variétés, et se colorent en automne ou de rouge, ou de jaune, ou de brun. Chacune d'elles porte deux yeux au moins à la base de son pétiole. L'un, nommé faux bourgeon (*F-B.*, *fig.* 3), est petit et se développe en même temps qu'elle. Il est stérile et préjudiciable au fruit. Les jardiniers l'appellent *aileron*, *entre-cœur* ou *entre-feuille*. Ils s'en débarrassent avec raison aussitôt qu'ils le peuvent. L'autre, véritable hibernacle (*B.*, *même figure*), est gros, obtus, presque toujours double, rarement triple, et ne s'ouvre qu'après l'hiver, à moins qu'il n'y soit forcé par un pincement précoce et même renouvelé. Presque toujours productif, il persiste après la chute des feuilles, et forme alors l'œil connu sous le nom de bourre.

Les pédoncules florifères, disposés en grappes, portent des fleurs vertes composées d'un calice à cinq dents, d'une corolle à cinq divisions, de cinq étamines et d'un style surmontant un ovaire qui se transforme en une baie succulente à mesure que la pousse, qui porte la grappe, se lignifie. Elles répandent, à l'époque de leur floraison, qui a lieu dans les mois de juin et juillet, une odeur suave que l'on reconnaît de loin et qui approche de celle du réséda. Les étamines s'étendent alors, comme autant de ressorts, pour se débarrasser de la corolle capuchonnée qui les recouvre, et l'on peut remarquer autour de l'ovaire cinq écailles nectarifères, jaunâtres et alternes aux étamines.

La fécondation a lieu en plein air, immédiatement après la chute des pétales, qui se détachent par la base et tombent réunis au sommet; les filets se dressent alors, et les anthères introrses répandent leur poussière jaunâtre sur le stigmate, qui est une tête papillaire toute couverte d'humeur glutineuse.

Toutes les fois que la floraison de la vigne a lieu par un temps sec et chaud, ou bien pluvieux, mais alors accompagné de soleil et de chaleur, la fécondation est généralement complète et le fruit réussit bien, si le reste de la saison est favorable; mais toutes les fois qu'elle est accompagnée de pluies froides et continues, la corolle ne se détache point, les étamines restant collées ne peuvent lancer leur poussière fécondante, et alors la fécondation ou n'a pas du tout lieu, ce qui détermine la coulure, c'est-à-dire la perte complète d'une partie des grains et quelquefois même de la grappe entière, ou bien n'a lieu qu'incomplètement, d'où résulte l'avortement des grains, qui alors sont sans pépins, n'atteignent pas la moitié de leur grosseur ordinaire, mais mûrissent plutôt que les autres et sont plus délicats au goût.

Les ovaires, qui ont reçu l'influence de la fécondation, passent peu à peu à l'état de fruits normaux ou baies charnues, transformation des ovaires fécondés, accrus et complètement développés. Ils varient de grosseur, de forme, de couleur, d'odeur et de saveur, suivant les différentes variétés de vignes. Chaque fruit, ou grain de raisin, contient, outre une ou plusieurs semences en forme de cœur allongé, deux matières de nature fort différente : 1° la pulpe, qui n'est généralement point colorée, et 2° la peau, à l'intérieur de laquelle adhère une résine colorée en rouge, en gris, en jaune ou en blanc, qui détermine la couleur des fruits et cause la coloration des vins par suite de la fermentation qui s'opère dans la cuve. La pulpe des raisins de table, formée d'une substance muqueuse incolore, devient sucrée et d'une saveur délicieuse, lorsque la grappe peut atteindre une parfaite maturité, ce qui arrive toutes les fois que les sarments qui les portent ont le temps de se lignifier, de s'aoûter, comme disent les jardiniers, pendant la belle saison; car il est bien démontré que le bois et le fruit se forment et mûrissent ensemble.

CONCLUSIONS.

D'après l'étude que nous venons de faire des organes de la vigne et du mode de végétation qui leur est propre, il est évident que, si on laisse aux *sarments* toute leur longueur, la plupart de leurs *bourres* étant susceptibles de se développer, il en résulte une multitude de *pousses*, les unes faibles, les autres fortes, qui, se faisant réciproquement ombrage, se nuisent les unes aux autres. Les plus faibles restent stériles, s'étiolent et se dessèchent étouffées par les plus fortes. Celles-ci, s'appropriant alors la nourriture de leurs victimes, végètent avec tant de vigueur que la sève, sans cesse aspirée par leurs nombreuses euilles naissantes, filtre avec rapidité sans s'arrêter aux grappes, qui restent petites et chargées de fruits médiocres et sans saveur, ou bien tournent en vrilles, ce qui ajoute encore à la confusion des rameaux. Une année de plus sans taille, et la vigne deviendra un buisson stérile et inextricable occupant inutilement un espace considérable perdu pour le propriétaire.

Il faut donc tailler la vigne pour en tirer un parti avantageux. Mais comment faut-il la tailler ?

Si l'on se borne à raccourcir annuellement tous les sarments à une ou deux bourres au-dessus des sous-bourres et contre-bourres de leur talon, comme le font encore quelques jardiniers ignorants, il arrive que les rameaux, se multipliant chaque année sur les coursonnes, donnent bientôt à celles-ci l'aspect de têtes de saule portant une multitude de rameaux faibles qui, se nuisant les uns aux autres et s'étouffant réciproquement, restent débiles et incapables d'aoûter leur bois, et par conséquent de mûrir le peu de fruit qu'ils portent.

Cette méthode vicieuse doit donc être rejetée; et, si l'on veut obtenir des résultats satisfaisants, il faut :

1° N'allonger les bras de la vigne que progressivement, en taillant le *sarment* qui les termine à 3, 4 ou 5 yeux seulement, comme dans la *fig. 4. pl. I*;

2° N'établir les coursonnes que sur le dessus du cordon, à 15 ou 20 centimètres de distance les unes des autres ;

3° Choisir sur chaque coursonne celui des sarments qui sera le plus rapproché du cordon (S^1. S^1., *même fig.*), et retrancher tous les autres (S^2. S^2.) en enlevant même avec eux toute la partie de la coursonne qui est au-dessus du sarment choisi ;

4° Enfin tailler le sarment conservé (S^1) au-dessus de la *bourre* qui vient immédiatement après la *contre-bourre;* ou, autrement dit, au-dessus de trois bourres, en comptant pour première la sous-bourre du talon qui n'est pas toujours très-visible, et pour seconde la contre-bourre qui, à l'époque de la taille, est presque toujours bien apparente.

Les sarments enlevés avec une portion de chaque coursonne forment des *crossettes* (*fig.* 5) qu'on peut mettre en pépinière, si l'on veut avoir du plant de vigne à planter ou à vendre.

Par suite de cette taille, la bourre et la contre-bourre poussent ordinairement et donnent naissance à deux sarments qui, étant assez espacés pour jouir à leur aise de l'air, de la chaleur et de la lumière nécessaires à leur développement et à leur lignification, produisent chacun deux bonnes grappes ou même plus, d'où quatre grappes au moins pour chaque coursonnes. Quant à la sous-bourre (*S-B.*, *fig.* 2 *et* 4), elle reste souvent endormie; et, lorsqu'elle pousse, on la supprime par le pincement, à moins qu'elle ne soit placée de manière à rapprocher avantageusement du cordon la coursonne, qui ne doit s'allonger que fort peu chaque année.

On doit en effet tenir les coursonnes ou branches fruitières aussi courtes que possible, afin que la sève puisse passer promptement et sans obstacle du cordon dans les coursonnes et des coursonnes dans les sarments.

Si l'opération de la taille est faite en suivant les règles que nous venons d'esquisser, et si on ne laisse à chaque cep que la quantité de sarments qu'il est capable de nourrir et d'aoûter, l'horticulteur n'aura plus qu'à maintenir au moyen du pincement l'équilibre entre les rameaux, et à les garantir des gelées du printemps, pour faire de la vigne un arbrisseau aussi docile que productif, et obtenir, en saison convenable, une quantité de beaux et bons fruits capables de le dédommager largement de ses soins assidus et vigilants.

Ainsi, *faire croître et aoûter de bonne heure une quantité limitée de sarments, pour que le raisin qu'ils portent arrive à maturité avant la mauvaise saison; empêcher par le pincement un excès de force végétative de détourner la sève du raisin au profit du bois;* tels sont les deux points principaux que le vigneron ne doit pas perdre de vue, et qui doivent le guider dans la manière de conduire la vigne en espalier.

Ces faits, parfaitement connus et appréciés des industrieux habitants de Thomery, sont la base de leur excellente méthode, que l'on doit chercher à propager dans le reste de la France. C'est en effet à *Thomery, Effondray, By* et *Champagne*, villages situés entre la Seine et la forêt de Fontainebleau, et qui fournissent le raisin de ce nom, qu'une culture bien entendue et des soins bien dirigés ont donné au chasselas cette perfection qui en fait sans contredit, le meilleur raisin de table qu'on connaisse. C'est là qu'il faut aller apprendre à tirer avantageusement parti du sol, et étudier les moyens simples et faciles de faire produire à la vigne en espalier 40 belles grappes de raisin par mètre carré.

La méthode de *Thomery* est tellement supérieure à la routine de la plupart de nos jardiniers, que nous croyons devoir la décrire en détail. La treille que nous élevons au Jardin des Plantes, et que nous conduisons d'après cette méthode, est assez avancée pour offrir un modèle capable de prouver la vérité de nos assertions et tout le bien qu'il nous reste à dire sur les avantages de cette méthode.

Culture de la Vigne d'après la méthode de Thomery.

Pour procéder avec ordre, nous étudierons :

1º Les différents moyens employés pour multiplier la vigne.

2º Les terrains et les expositions qui conviennent à sa culture.

3º Les jardins de Thomery, leur distribution intérieure, la construction de leurs murs, de leurs espaliers et contre-espaliers.

4º La manière de planter la vigne d'après la méthode de Thomery, en y comprenant : 1º la préparation du terrain ; 2º les moyens d'évaluer la distance à mettre entre chaque cep et chaque cordon, et la longueur à donner à chaque bras ; 3º les précautions à prendre lors de la plantation des crossettes simples ou enracinées et des chevelées simples ou en paniers ; 4º enfin celles à prendre pour la disposition des ceps avec leurs cordons sur le treillage.

5º Les soins à donner à cette culture depuis la plantation jusqu'à la parfaite formation de la treille : la taille, l'ébourgeonnement, le palissage, le pincement, le placement des grappes, l'épamprement, etc.

Nous comparerons ensuite la méthode de Thomery avec celle qui est trop généralement suivie, en faisant connaître les avantages de la première sur la dernière ; et, sans passer sous silence les objections qui ont été faites à la méthode de Thomery, nous donnerons les moyens simples et faciles d'annihiler ces objections.

§ Ier.

DES DIFFÉRENTS MODES EMPLOYÉS POUR MULTIPLIER ET PROPAGER LA VIGNE.

La vigne peut être multipliée, 1° par *semis*, 2° par *boutures* ou *crossettes*, 3° par *marcottes* ou *chevelées*, 4° par *provins*, 5° par *greffes*.

1° *Semis*. — Des diverses manières de multiplier la vigne, la moins usitée est celle par les semences, parce que les cultivateurs savent que les semis donnent naissance à des variétés souvent inférieures à celles sur lesquelles ont été prises les semences qui les ont produites, et que les individus nés de semences sont beaucoup plus longtemps à donner leur fruit que ceux que l'on obtient par d'autres moyens. Cependant, par cela même que les variétés de vigne ne se reproduisent pas identiques par leurs pépins, il est probable qu'en les continuant avec autant de suite et de persévérance qu'on le fait aujourd'hui pour les roses et les dahlias, on finirait par en obtenir quelques variétés précieuses, soit par leur qualité, soit par leur précocité ou leur rusticité, ce qui permettrait d'étendre plus au nord la culture de la vigne; avantage immense pour une multitude de contrées qui ne connaissent, en fait de raisin, que du verjus. Ce moyen est donc recommandable et doit être essayé dans tous les grands établissements.

2° *Boutures* ou *Crossettes*. (*Fig.* 5.) — La vigne est, après les saules et les peupliers, une des plantes qui se multiplient le plus facilement par boutures. Aussi est-ce le moyen le plus universellement usité. Pour cela, on se procure, lors de la taille, avant l'ascension de la sève, en février ou au commencement de mars au plus tard, des sarments bien aoûtés et choisis sur des ceps qui sont encore dans la vigueur de l'âge et en plein rapport. Ils doivent avoir au moins 40 à 50 centimètres de long, présenter à leur talon un peu de bois de deux ans et de bons yeux bien aoûtés jusqu'à leur extrémité opposée. On les enterre ou on les ensable dans un lieu légèrement humide et abrité du soleil et des gelées, pour les conserver, les faire *gommer* ou *étouffer,* comme disent les jardiniers ; et on les plante en mars ou avril, en les plaçant verticalement en bonne terre, ou mieux en les couchant dans des rigoles de 30 à 35 centimètres de profondeur suivant l'humidité ou la sécheresse du terrain, ayant soin toutefois de laisser hors de terre un ou deux yeux bien aoûtés. On a généralement l'habitude, pour les faire entrer plus promptement en végétation, de les faire tremper pendant un ou deux jours et plus dans du jus de fumier, ou même dans de l'eau simple, et de leur rafraîchir légèrement le talon immédiatement avant de les planter.

Les pousses que l'on décolle vers le mois de juin, celles entre autres qui partent du pied des ceps, peuvent aussi servir à faire des boutures, surtout si l'on a soin de conserver l'empâtement du talon, et de supprimer la partie supérieure, tendre et herbacée ; de les tenir ensuite dans un lieu frais, et de les garantir du soleil et du grand air en les recouvrant d'une cloche et en les ombrageant. Ce simple moyen permet aux horticulteurs habiles de livrer une année plus tôt au commerce des crossettes enracinées de variétés nouvelles ou recherchées.

Les crossettes ou boutures prennent racine dans l'année même au talon et à l'endroit de tous les yeux qui sont enterrés, et sont en état de donner du fruit au bout de 3 ou 4 ans. On devra toujours mettre quelques boutures en pépinière, afin de remplacer les manquantes sûrement et sans perte de temps.

Les boutures simples, ou enracinées (*fig.* 6), sont généralement préférées aux marcottes ou chevelées, parce qu'elles ont l'avantage inappréciable de ne point altérer la souche, qui continue à servir d'étalon et à donner de bonnes récoltes, et qu'elles perpétuent plus sûrement les accidents heureux que la culture produit quelquefois sur un seul sarment ou sur tous ceux d'un même cep ; accidents qui, d'après la remarque des habitants de Thomery, ont heureusement lieu assez souvent sur le chasselas. Ces cultivateurs ont toujours la précaution de prendre leurs crossettes sur les ceps qui sont les plus hâtifs, qui rapportent le plus abondamment, qui sont les moins sujets à couler, et surtout dont les grappes bien faites portent des grains égaux convenablement espacés et bien colorés. Ils rivalisent entre eux à qui possédera une variété supérieure, et cherchent sans cesse à perfectionner l'espèce par ce choix raisonné.

3° *Marcottes* ou *Chevelées*. — Le moyen d'obtenir des chevelées consiste à coucher avec précaution les sarments choisis dans une fosse de 30 à 35 centimètres de profondeur, à les fixer au moyen d'un crochet en bois, pour les empêcher d'obéir à leur force d'élasticité et de se déranger de leur place ; à redresser avec soin l'extrémité du sarment couché, et à le rogner à un ou deux yeux au-dessus du niveau du sol. On termine l'opération en recouvrant la partie qui doit prendre racine, de 25 à 30 centimètres de terreau bien consommé. On éborgne ensuite tous les yeux du sarment à partir du cep jusqu'au point où il commence à entrer en terre, et, si l'on veut avoir toutes les chances de succès possibles, on fait une entaille (*voy. fig. 7, pl. I*), ou bien on enlève en cet endroit même un anneau d'écorce qui, sans nuire à la circulation de la sève ascendante portée par les couches ligneuses aux bourgeons conservés, arrête la sève descendante dans la partie souterraine de la marcotte, et y détermine la formation d'un bourrelet favorable à la production des racines (*voy. fig.* 8). On place ensuite un échalas au pied de chaque marcotte, pour dresser et fixer les bourgeons à mesure qu'ils grandissent, et on fait en sorte d'entretenir la terre des fosses parfaitement meuble et disposée en augets, afin de la rendre perméable à l'eau et à l'air.

Cette opération se pratique lorsque la sève ascendante commence à circuler, c'est-à-dire, vers les mois de février ou de mars, et même plus tard. Les sarments sont, à cette époque, plus faciles à courber sans se rompre. On peut également pratiquer le marcottage en vert à la fin de juin, et obtenir de la sorte de beaux résultats. Ces marcottes sont séparées de leurs mères dans le courant de novembre de la même année ou au printemps de la suivante, pour fournir à de nouvelles plantations. Elles ont alors assez de racines pour vivre par elles-mêmes, et rapportent du fruit au bout de 2 ou 3 ans.

Les *Chevelées en panier* s'obtiennent en faisant passer chaque sarment dans un panier rempli de terre, et en le maintenant enterré au niveau du sol pendant le temps voulu. Ce plant, trois ou quatre fois plus cher que les chevelées ordinaires, se vend 1 fr. 50 et même 2 francs, plus le port et l'emballage. Le seul avantage qu'il ait, c'est de pouvoir être expédié à des distances très-éloignées, sans endommager les racines, et de produire du fruit quelquefois un peu plus tôt. Les habitants de Thomery en expédient dans toute l'Europe.

4° *Provins*. — Les provins sont des marcottes qui ne doivent pas être transplantées, et qu'on établit pour cette raison dans des rigoles plus profondes.

Le provignage est surtout mis en usage pour regarnir les places vides qui se rencontrent dans les pièces de vignes, remplacer des ceps morts, et quelquefois pour renouveler et rajeunir les vieilles cultures, lorsque les souches dépéries ne poussent que faiblement, ne produisent que de petites grappes en petite quantité, enfin ne dédommagent plus le propriétaire de ses soins.

Ces deux derniers modes de multiplier la vigne n'améliorent pas les espèces, qui restent absolument les mêmes. Un pied de vigne serait même promptement ruiné si on le marcottait souvent.

A Thomery, on n'a recours au provignage que pour remplacer un cep mort ou garnir une place vide, et c'est un excellent moyen. Quant au marcottage, il n'est le plus généralement pratiqué que sur des ceps usés, malades, ruinés, que l'on veut détruire ; c'est le dernier parti qu'en tirent les cultivateurs de ce pays ; ils expédient ces marcottes sous le nom de *chevelées* dans toutes les parties de la France. Les chevelées ordinaires et surtout les chevelées en panier produisent, il est vrai, un peu plus tôt que les crossettes; mais ce faible avantage ne balance pas l'inconvénient de s'exposer à avoir de mauvais plant, à un prix beaucoup plus élevé que les crossettes qui ne coûtent presque rien. Enfin, si vous êtes pressé de jouir, tâchez de vous adresser à un vigneron de bonne foi. On ne saurait prendre trop de précaution pour obtenir du plant de bonne qualité. Il est en effet bien désagréable, après des travaux multipliés et très-coûteux, de s'apercevoir au bout de quelques années qu'on a été trompé.

5° *Greffe*. — C'est un moyen de propager une bonne espèce ou une bonne variété que l'on désire substituer à une autre dont les produits sont peu avantageux. La greffe en fente (*fig. 9, pl. I*) est presque la seule qui soit usitée dans les vignobles. Pour qu'elle réussisse, il faut se procurer, pendant que la sève est privée de tout mouvement, des crossettes que l'on plonge par le gros bout dans du sable ou de la terre légèrement humide, afin de les conserver ensuite en lieu frais, tel que cave et cellier, où la chaleur et la gelée ne puissent pénétrer. Vers le mois de mars, on plonge dans l'eau, vingt-quatre heures avant de les employer, toute la partie qui était enfoncée dans le sable ; puis, on taille à trois yeux le nombre de greffes dont on a besoin, en ayant soin de les prendre le plus près du talon de chaque crossette, et on les plonge de nouveau dans de l'eau claire pour les porter aux champs ou au jardin. L'époque la plus convenable pour procéder à la greffe, est celle qui précède de quelques jours l'entrée en végétation de la vigne, ou, comme on dit, le moment où elle commence à pleurer ; c'est ordinairement dans le mois de mars. Le sujet est alors déchaussé et coupé à 14 ou 15 centimètres au-dessous du sol ; car il est à remarquer que plus la greffe est près de terre, mieux elle réussit. On le fend ensuite par le milieu dans un espace sans nœuds ; et, après avoir nettoyé la fente, si besoin est, on y insère une ou plus souvent deux entes taillées en coin, de manière que leur ligne ou couche cellulaire sous-libérienne coïncide avec celle du sujet, et que le premier œil de chaque ente touche le sujet, que le second se trouve à fleur de terre et le troisième tout à fait hors de terre. Le tout est fixé avec un lien et luté avec de l'onguent de Saint-Fiacre ou de la cire à greffer. On coiffe enfin la greffe avec un cornet de papier oint d'huile ou de graisse, pour l'abriter des rayons du soleil, et de l'air qui trop souvent renouvelé nuit essentiellement au succès de l'opération. Nul végétal n'est plus sensible que la vigne aux variations de l'atmosphère. Le temps le plus favorable pour la greffe est celui où le ciel est nébuleux, et le vent du sud-est au sud-ouest. Il faut se garder de greffer pendant un grand vent, un soleil ardent et une grande sécheresse.

On peut, à l'aide de la greffe en fente, transfor deux ans l'essence d'un vignoble entier, y intro nouveaux cépages, en profitant des souches vigoureuses qu'il faudrait détruire. On ne perd ainsi qu'une partie d'une seule récolte. C'est bien plus prompt et plus économique pour remplacer les mauvais ceps que l'usage de mettre de jeunes plants qui, dix à douze ans après, sont à peine aussi productifs que l'est une souche greffée au bout de deux à trois ans. On obtient par là le double avantage de rajeunir le vieux cep qui forme le sujet, et de vieillir l'espèce choisie pour greffe, en lui faisant rapporter plus tôt du fruit de meilleure qualité. Ainsi le pensent du moins quelques agronomes instruits et expérimentés, et la physiologie peut à la rigueur l'expliquer. En effet, une sève suffisante puisée par les vieilles racines traverse, pour se rendre à la greffe, des organes bien lignifiés, bien aoûtés ; elle y arrive après avoir subi un commencement d'élaboration en traversant des organes élémentaires perfectionnés. D'un autre côté, la sève descendante éprouve un peu de ralentissement en passant de la greffe dans la vieille racine ; ce qui ne peut être qu'utile à la formation du fruit, comme le prouve l'incision annulaire *.

D'ailleurs, les ceps ainsi rajeunis puisent plus tard une nouvelle vie par les racines qui partent du collet des greffes. Il est entendu que l'on détruira avec soin tous les bourgeons qui poussent du cep que l'on veut rajeunir. La greffe ainsi pratiquée, et conduite par une main habile, est d'un effet si prompt et si satisfaisant qu'on est surpris de n'en pas voir l'usage plus répandu.

Outre la greffe en fente ordinaire (*fig. 9, pl. I*), on emploie quelquefois la greffe en fente en double V, la greffe de côté en navette, et la greffe en écusson.

1° La greffe en fente à double V, (*fig. 10*) consiste à fendre la tige du sujet comme dans la greffe ordinaire ; mais plus profondément, afin que la greffe y soit enfoncée davantage. On a soin également, comme dans la greffe, de mettre exactement en rapport les parties végétantes du sujet et de la greffe ; c'est-à-dire les couches sous-libériennes, qui séparent la partie la plus interne de l'écorce et la plus externe du bois.

2° La greffe de côté en navette (*fig. 11*) consiste à tailler en navette un morceau de sarment portant un œil sur un

* Voir l'explication que nous donnons de ce fait, page 58.

des côtés, qu'on laissera pour cela plus large, et à le placer dans une incision ou dans une fente faite à un sarment, à une tige ou à un cordon de vigne, dans le but de changer l'espèce, ou de remplacer des coursons sur les tiges et les cordons dégarnis de la vigne.

3° La greffe en écusson (*fig.* 12), lorsqu'elle est pratiquée par des mains habiles, réussit également assez bien.

Enfin, quel que soit le genre de greffe que l'on choisisse, le but est le même, celui de faire vivre une espèce ou une variété aux dépens d'une autre; or, cette transmission d'existence a pour agent unique la *sève :* de là la nécessité de mettre avec soin les différents vaisseaux séveux de la greffe et du sujet en communication directe, et de les préserver de toutes les causes qui pourraient nuire à leur juxtaposition et à leur vitalité. En outre, il est bon que le sujet soit un peu en avance sur la greffe ; car, si celle-ci était en pleine végétation, comme elle ne peut tout d'un coup, vivre aux dépens du sujet, il y aurait un temps d'arrêt qui lui serait funeste. Voilà pourquoi on fera bien de détacher d'avance les sarments destinés à faire des greffes, pour les conserver dans un lieu frais, afin de prolonger leur sommeil, et de ne les mettre en contact avec le sujet que lorsque la végétation de celui-ci a pris assez d'avance pour être en état de les nourrir abondamment, sans néanmoins les noyer.

§ II.

CHOIX DU TERRAIN ET DE L'EXPOSITION.

1° *Choix du terrain.* — Toutes les contrées où la vigne prospère, où le figuier, le pêcher, l'abricotier et l'amandier croissent et donnent de beaux et bons fruits, conviennent à la culture du chasselas. On peut même en conclure que non-seulement le sol, mais encore l'exposition et la température de ces terrains lui sont généralement favorables. Une terre franche, riche, forte et compacte, conservant sa fraîcheur naturelle pendant les chaleurs de l'été, donne à la vigne une rapidité de croissance et un luxe de végétation extraordinaires ; mais un pareil terrain est un obstacle à la maturité et aux qualités du raisin, qui, bien que beau, est aqueux et sans saveur. La vraie terre à raisin doit être légère, meuble, friable, sablonneuse, prompte à s'imprégner d'humidité et des influences de l'air, mais laissant facilement écouler les eaux, tout en retenant et concentrant la chaleur du soleil. Dans ce terrain la végétation est moins luxuriante que dans celui qui conserve beaucoup de fraîcheur, mais le raisin est de meilleure qualité. Il est démontré, en effet, que la bonté du raisin est en raison inverse de la force végétative de la vigne. Ainsi un terrain, pour qu'il soit le meilleur possible, ne doit fournir à la plante que la quantité de sève susceptible d'être convenablement élaborée, en maintenant la végétation en rapport avec l'intensité et la durée de la chaleur atmosphérique. Sans une sève suffisante, capable de fournir aux dépenses sollicitées par la chaleur, la vigne languit, se dessèche, meurt ou reste stérile : d'un autre côté, une sève trop abondante filtre et passe dans les tissus sans y subir l'élaboration convenable ; de sorte que le bois ne prend point de consistance, et le raisin, quoique très-gros, est dépourvu de principes sucrés.

Le choix du terrain n'est pas, comme on le voit, sans importance, et ceux qui plantent sans s'inquiéter de la qualité de la terre et sans chercher à lui donner celle qui lui manque, font une faute capitale.

2° Exposition. — Il en est de même de l'exposition, qui pour la vigne en espalier doit être le midi avec une légère inclinaison au levant, de manière qu'à onze heures le soleil donne en plein sur le mur et sur toute la vigne. Il résulte de cette disposition que les rayons solaires ne frappent plus que très-obliquement sur le mur vers deux ou trois heures, moment où, dans les grandes chaleurs du mois d'août, le soleil brûle le fruit. Après l'exposition du midi, celle du levant est la meilleure. Elle réussit surtout très-bien dans les terrains chauds et brûlants. Le raisin s'y conserve longtemps, parce qu'il y est à l'abri des trop grandes chaleurs qui le brûlent, ainsi que des vents et des pluies battantes qui lavent les raisins exposés au couchant.

Il en est de la vigne comme d'une multitude de belles plantes, elle ne prospère qu'autant qu'on lui donne une terre et une exposition convenables. Les rododendrons, les azalées, les magnolias, les camélias, etc., etc., demandent la terre de bruyère et l'exposition nord; les chrysanthèmes et les dahlias, une bonne terre franche, riche en humus, et l'exposition du midi; et l'amateur qui veut jouir de leur fleur, se donne la peine de satisfaire à ces deux conditions de succès. Le propriétaire qui désire avoir de bons raisins doit suivre cet exemple. Pour cela, le rapport de quelques tombereaux de terre légère et sablonneuse mélangée avec un peu de terreau bien consommé et la terre de la plate-bande de l'espalier, suffiront généralement à couvrir ses murs de belle verdure et de fruits délicieux, si toutefois il suit avec intelligence la méthode en vigueur à Thomery.

§ III.

JARDINS DE THOMERY : LEUR DISTRIBUTION INTÉRIEURE ; CONSTRUCTION DES MURS, DES ESPALIERS ET DES CONTRE-ESPALIERS.

Distribution intérieure. — Les jardins de *Thomery* (*pl. III, fig.* 5) sont entourés de murs de 2 mètres 65 à 70 centimètres d'élévation au-dessus de terre, et sont coupés de distance en distance sur toute leur surface par d'autres murs, dits murs de refend (*fig.* 2, *pl. III, et R. R., fig.* 5), dont la seule destination est de supporter des espaliers. Ces murs, dans les enclos les mieux tenus, sont disposés en lignes parallèles entre elles à environ 12 mètres les unes des autres, et ont 2 mètres 15 ou 20 centimètres de hauteur. La direction de ces lignes est celle qui donne l'exposition la plus favorable, sans égard à la direction des murs de clôture. Celle du nord au sud, faisant face à l'est et à l'ouest, a l'avantage de permettre de planter en treille les deux côtés du mur; mais, dans le nord de la France, le meilleur chasselas est toujours celui qui se récolte à l'exposition du plein midi : aussi ceux qui dans ces pays tiennent à donner à leurs produits toute la perfection dont ils sont susceptibles, construisent leurs murs de refend de l'est à l'ouest, faisant face au sud et au nord. Par cette distribution, la partie du mur exposée au midi est seule garnie de vignes;

le côté exposé au nord est utilisé en poiriers et en pommiers. Souvent aussi cette direction suit la pente du sol. Ainsi, à By, les murs sont généralement dirigés du nord au sud ; à Thomery, ils s'inclinent un peu vers le midi ; enfin à Effondray, ils se dirigent de l'est à l'ouest. Ceux du Jardin des Plantes de Nantes sont dirigés du nord-est au sud-ouest. Le plan du jardin ne nous a pas permis de faire autrement, et ce n'est pas du reste une mauvaise exposition. Elle évite en effet les coups de soleil ainsi que les pluies et les vents de l'ouest, qui sont si funestes dans notre pays.

Construction des murs et de leur chaperon. — Tous ces murs sont à Thomery maçonnés avec la terre de la fouille, et munis de *chaperons* en tuiles faisant saillie de 16 à 20 centimètres de chaque côté du mur.

Avantage des chaperons. — Ces chaperons, outre l'avantage de mettre les grappes des cordons supérieurs à l'abri des eaux pluviales et de les conserver presque jusqu'à Noël, garantissent jusqu'à un certain point les bourgeons des gelées printanières, préviennent la coulure en empêchant les grandes pluies d'imprégner et de laver les fleurs, modèrent l'action de la sève dans tous les temps et la ralentissent plus utilement encore après l'ébourgeonnement et le pincement.

Scellement des crochets, crépissage et badigeonnage. — Les murs achevés, on y fait sceller, en lignes tirées au cordeau, les crochets qui doivent supporter et retenir le treillage ; et, lorsque l'humidité du mortier est parfaitement évaporée, on les fait enduire avec un bon mortier de sable de rivière et de chaux, le tout longtemps remué avec la plus petite quantité d'eau possible et passé à la main de bois : la longue durée du mur dépend de cette opération. Cet enduit une fois sec est ensuite badigeonné avec un lait de chaux, renouvelé ensuite aussi souvent qu'il est nécessaire, afin de boucher tous les petits trous où se logent les insectes si nuisibles à la vigne.

Est-il avantageux de planter avant de construire les murs ? — Les vignerons de Thomery, pour ne pas perdre d'intérêts de fonds, plantent leurs vignes trois ans avant de s'occuper d'élever les murailles qui doivent les soutenir, et ne construisent celles-ci que lorsque les vignes sont assez fortes pour y être conduites. Cependant, comme

es murs avancent toujours la végétation par la chaleur
et l'abri qu'ils donnent aux plantations, il y aurait peut-
être autant d'avantage à les construire de suite, sauf à
ne faire le crépissage que trois ans plus tard.

*Construction du treillage de l'espalier, son accolage
au mur*. — C'est aussi à cette époque qu'il faudra s'occuper d'accoler aux murs le treillage nécessaire pour
palisser la vigne. On a l'habitude de le former de lattes
horizontales de châtaignier placées à 25 centimètres de
distance, et de lattes verticales dont le nombre est en
rapport avec celui des ceps. Ainsi, sur un mur à quatre
cordons, ils seront à 70 ou à 80 centimètres de distance
les uns des autres; et, sur un mur à cinq cordons, ces
montants, qui ont 4 ou 5 centimètres de large sur 15 millimètres d'épaisseur, sont placés à 55 ou à 60 centimètres
de distance, suivant l'exact espacement des ceps, déter-
miné lui-même d'après le nombre des cordons que com-
porte la hauteur du mur et la qualité de la terre qui
permet de faire porter à chaque cep une plus ou moins
grande étendue de cordons. Les figures 1, 2 et 3, *pl. III*,
montrent cette disposition et la manière dont la vigne est
palissée sur ce genre de treillage. Il forme, comme on le
voit, des rectangles ou mailles très-larges; ce qui le rend
beaucoup moins dispendieux que celui qui est employé
ordinairement pour le palissage des autres arbres fruitiers,
puisque les mailles de ce dernier ont 22 centimètres de
large sur 25 centimètres de hauteur. On peut encore le
rendre plus économique en supprimant, comme le
recommande M. *Lelieur*, les lattes verticales, et en ne
conservant de lattes horizontales que celles qui sont
nécessaires pour attacher les cordons et les maintenir
horizontalement. Pour cela, il faut multiplier les crochets
et les sceller au mur en lignes horizontales tirées au
cordeau, mettant 1 mètre 50 centimètres entre chaque
crochet, et 25 centimètres entre chaque ligne. Les lattes
de la ligne placée entre chaque cordon sont remplacées
par de gros fils de fer que l'on tend d'un crochet à l'autre
et que l'on fixe en tournant le fil autour de chaque crochet.
Ce dernier treillage a sur le précédent l'avantage de laisser
approcher les grappes plus près du mur, d'être par cela
même plus favorable à la maturation du raisin, et de
moins multiplier pour les insectes les abris qui les déro-

bent aux recherches du cultivateur. Il épargne de plus au jardinier le soin de donner un premier lien volant au bourgeon, qu'il suffit de passer derrière le fil de fer, ce qui se fait très-promptement; et il est d'ailleurs plus économique, en ce sens qu'il faut beaucoup moins de matériaux, et qu'on peut le construire presque sans frais, à mesure des besoins et en formant les cordons eux-mêmes.

Manière dont est occupé l'espace qui existe entre les murs de refend. — L'intervalle de 12 mètres d'un mur à l'autre reçoit plusieurs rangées de contre-espaliers. La première rangée s'établit au moins à 2 mètres du mur; les autres se suivent en lignes parallèles, à 2 mètres 50 centimètres de distance. (*Voy. carré* 2, *pl. III.*)

L'intervalle qui existe entre les contre-espaliers est planté d'un rang de vignes soutenues par des échalas et cultivées comme celle des champs; on les appelle *plants de souche* (*voyez fig. 4, même pl.*). Quelques cultivateurs établissent leurs contre-espaliers à 3 mètres 50 centimètres de distance les uns des autres, et plantent dans l'intervalle deux rangées de vignes en souches (*voyez carré 1, pl. III*). D'autres enfin n'établissent qu'un contre-espalier à 2 mètres de chaque mur de refend, et cultivent le reste en souches, plantées en quinconces. (*Voyez carré n° 3, même pl.*)

Treillage des contre-espaliers. — Le treillage des contre-espaliers a 1 mètre 20 à 25 centimètres de hauteur, de manière à recevoir deux étages de cordons, et est formé de poteaux fixés en terre à 1 mètre ou à 1 mètre 50 centimètres de distance les uns des autres. Ces poteaux ont 1 mètre 70 centimètres de hauteur sur 9 à 10 centimètres d'équarrissage en tous sens. On les enfonce en terre jusqu'à 35 et 40 centimètres de profondeur; et, lorsqu'ils sont tous plantés et bien alignés, on attache à ces montants principaux cinq lattes ou traverses à 25 centimètres de distance l'une de l'autre, en commençant par le haut, de manière que la première soit à 1 mètre 20 centimètres au-dessus du sol et la dernière à 20 centimètres seulement. C'est cette dernière qui soutient le premier cordon; le second est sur la troisième. Le tout est souvent maintenu par des montants intermédiaires comme dans les autres treillages. (*Voyez fig. 1, pl. III.*)

La promptitude avec laquelle ces treillages se détériorent et les frais continuels qu'entraîne leur renouvellement, ont engagé depuis quelques années les cultivateurs de Thomery à leur substituer des montants en fer de 1 mètre 20 centimètres de longueur, espacés entre eux de 1 mètre à 1 mètre 50 centimètres et percés de trous pour le passage de fils de fer propres à remplacer les traverses. Ces trous doivent être à 25 centimètres l'un de l'autre sur chaque montant. Celui-ci est lui-même scellé avec du soufre ou du plomb sur un prisme de grès de 40 à 45 centimètres de long, sur 11 à 15 centimètres d'équarrissage. Ces prismes, qu'ils nomment *coins*, sont enfoncés en terre jusqu'à 25 ou 30 centimètres de profondeur. Lorsqu'ils sont tous posés et alignés, on réunit les montants en fer entre eux avec du fil de fer de 2 millimètres de diamètre. On fait faire à ce fil de fer un tour sur lui-même à son passage par les trous des montants, pour lui donner plus de solidité. Il est bon, lorsqu'on établit un semblable treillage, de laisser le fil de fer se recouvrir d'une couche de rouille par l'effet de la rosée des nuits, et de donner ensuite une ou deux couches d'huile de lin bouillante. Il en résulte une peinture presque inaltérable. Chaque coin de grès armé de la petite barre de fer coûte un franc, c'est-à-dire le double des piquets en bois ; mais si l'établissement d'un contre-espalier ainsi construit coûte cher, d'un autre côté sa durée et sa solidité le rendent réellement économique. Il offre d'ailleurs pour la conduite des cordons de vigne les mêmes facilités que le contre-espalier en bois. Le seul reproche qu'on puisse lui faire, c'est que le fil de fer, par suite de l'élasticité qui lui est propre, se relâche quelquefois un peu ; ce qui permet aux espaliers un balancement préjudiciable aux jeunes sarments ; leur écorce encore tendre souffre du frottement continuel contre le fer, dont la surface polie ne permet pas toujours de donner aux attaches assez de fixité.

Chez quelques cultivateurs, la rangée de contre-espalier la plus rapprochée de l'espalier est un véritable mur en maçonnerie très-légère de 20 centimètres d'épaisseur tout au plus, et de 1 mètre 20 centimètres de hauteur au maximum ; un mur plus élevé nuirait à l'espalier. Il est entendu que le chaperon d'un pareil contre-espalier, qui admet deux rangs de cordons de vignes, dont les produits peuvent être égaux à ceux de l'espalier, est à un seul versant et n'a au plus que 15 centimètres de saillie.

§ IV.

MANIÈRE DE PLANTER LA VIGNE D'APRÈS LA MÉTHODE DE THOMERY.

Les habitants de Thomery, comme l'a déjà fait prévoir ce qui précède, plantent le chasselas de trois manières différentes : 1° en espalier ; 2° en contre-espalier, et 3° en souches.

Pour établir un espalier ils ouvrent, à 50 ou 60 centimètres du mur ou de la place où on a l'intention de le construire, une tranchée, qui lui est parallèle, de 60 à 70 centimètres de largeur sur 16 à 20 centimètres de profondeur. Cette tranchée sera creusée à 1 mètre 70 centimètres en avant du mur pour le contre-espalier. Quant au reste du terrain compris entre chaque mur de refend, si on se propose de n'y cultiver que des souches, on ouvrira des rigoles parallèles de 80 centimètres de largeur sur 16 à 20 centimètres de profondeur, en réservant entre chacune d'elles une largeur de 1 mètre 20 centimètres pour ados. Plus tard les fosses seront élargies de 20 centimètres au moyen de 10 centimètres d'encoche pris de chaque côté des ados, pour loger l'extrémité supérieure de chaque crossette et l'échalas sur lequel cette extrémité doit être fixée. Les ceps seront alors à 1 mètre de distance les uns des autres, et disposés en quinconce. Les figures 4 et 5 de la *pl. III* expliqueront et feront comprendre la manière de planter un carré de chasselas en espalier, contre-espalier et souches.

Si l'on veut occuper chaque carré de contre-espalier et de souches disposés par ordre alterne, les mêmes figures lèveront encore toute difficulté à cet égard.

Évaluation de la distance à mettre entre chaque cep. — Le terrain une fois préparé, on s'occupe de la plantation des crossettes ou des chevelées ; mais avant on doit se rendre compte de la distance à mettre entre chaque plant, et cette distance est tout à la fois dépendante du *nombre des cordons* et de la *longueur de bras accordée à chaque cep*, ce qu'il faut avant tout bien déterminer.

Nombre des cordons. — Pour arriver à ce but, il suffit de savoir que le cordon le plus bas doit être établi au moins à 20 centimètres du sol, afin d'éviter que les grappes soient salies par la terre délayée et projetée par l'eau des pluies ; et que les cordons suivants doivent être placés à 50 centimètres les uns au-dessus des autres, distance suffisante pour permettre aux bourgeons de se développer. Pour connaître ensuite, avec ces simples données déduites de l'expérience, combien un mur peut porter de cordons, il suffit de retrancher de sa hauteur totale 20 centimètres ; et autant le reste contient de fois 50 centimètres, autant on peut mettre de cordons. Exemple : Soit un mur de 2 mètres 70 centimètres, hauteur moyenne de nos murs : on peut en retrancher 20 centimètres, qui sera la hauteur d'établissement du premier cordon ; et le reste, 2 mètres 50 centimètres, contient cinq fois 50 centimètres. Ce mur peut donc recevoir 5 cordons, dont le plus bas sera établi, comme nous l'avons dit, à 20 centimètres au-dessus de la terre, et les autres à 50 centimètres de celui qui est immédiatement au-dessous ; de manière que le cordon le plus élevé soit situé à 50 centimètres au-dessous du chaperon, ou, s'il n'en existe pas, au-dessous du sommet du mur.

Longueur des cordons. — Quant à la longueur de bras accordée à chaque cep, les qualités de la terre peuvent modifier un peu les dimensions.

Dans une terre médiocre, comme à Thomery, la longueur accordée à chaque bras ne dépasse guère 1 m. 35 cent., et chaque cep ne porte que deux bras. Donc entre deux ceps consécutifs appartenant à un même cordon, autrement dit, dont les bras sont palissés horizontalement à la même hauteur, il y aura deux fois cette distance ; savoir, une fois pour le bras droit de l'un et une fois pour le bras gauche de l'autre : total, 2 mètres 70 centimètres. Si le mur doit porter deux cordons, la distance des ceps consécutifs sera la moitié de 2 mètres 70 centimètres, ou 1 mètre 35 centimètres ; s'il doit porter

3, 4, 5, etc. cordons, elle en sera le tiers, le quart, le cinquième, etc.; ce qui donne les intervalles de :

2^m 70 entre chaque cep pour former un seul cordon au haut d'un mur.

1^m 35	—	pour 2 cordons, sur un mur de 1^m 20	de hauteur
0^m 90	—	pour 3 cordons, sur un mur de 1^m 70	—
0^m 68	—	pour 4 cordons, sur un mur de 2^m 20	—
0^m 54	—	pour 5 cordons, sur un mur de 2^m 70	—
0^m 45	—	pour 6 cordons, sur un mur de 3^m 20	—
0^m 39	—	pour 7 cordons, sur un mur de 3^m 70	—
0^m 34	—	pour 8 cordons, sur un mur de 4^m 20	—
0^m 30	—	pour 9 cordons, sur un mur de 4^m 70	—
0^m 27	—	pour 10 cordons, sur un mur de 5^m 20	—

Dans les terres de meilleure qualité, comme celles de la plupart de nos jardins, on peut donner au bras 1 mèt. 50 cent., au lieu de 1 mèt. 35 cent.; ce qui met à 3 mèt. l'intervalle de deux ceps consécutifs appartenant au même cordon : ce sera ce nombre 3 mètres que l'on devra alors diviser en 2, 3, 4, etc. parties égales, pour avoir l'intervalle des ceps suivant que l'on devra établir 2, 3, 4, etc. cordons. D'après cette règle, nous trouvons que l'on doit mettre, savoir :

3^m 00 entre chaque cep pour former un seul cordon au haut d'un mur.

1^m 50	—	pour 2 cordons, sur un mur de 1^m 20	de hauteur
1^m 00	—	pour 3 cordons, sur un mur de 1^m 70	—
0^m 75	—	pour 4 cordons, sur un mur de 2^m 20	—
0^m 60	—	pour 5 cordons, sur un mur de 2^m 70	—
0^m 50	—	pour 6 cordons, sur un mur de 3^m 20	—
0^m 43	—	pour 7 cordons, sur un mur de 3^m 70	—
0^m 38	—	pour 8 cordons, sur un mur de 4^m 20	—
0^m 33	—	pour 9 cordons, sur un mur de 4^m 70	—
0^m 30	—	pour 10 cordons, sur un mur de 5^m 20	—

Enfin, si la terre est d'une excellente qualité, la longueur des bras peut être portée jusqu'à 2 mètres, et c'est la limite de la longueur qu'on peut leur donner sans beaucoup nuire à l'équilibre de végétation. La distance de deux ceps consécutifs, appartenant au même cordon, sera ici de 4 mètres : ce sera ce nombre 4 mèt. qu'il faudra partager par le nombre des cordons à établir, et le quotient sera l'intervalle à mettre entre chaque cep à planter. Par ce procédé, nous trouvons, dans ce dernier cas, que l'on doit mettre une distance de :

4ᵐ 00 entre chaque cep pour former un seul cordon au haut d'un mur.

2ᵐ 00   —   pour 2 cordons, sur un mur de 1ᵐ 20 de hauteur

1ᵐ 33   —   pour 3 cordons, sur un mur de 1ᵐ 70   —

1ᵐ 00   —   pour 4 cordons, sur un mur de 2ᵐ 20   —

0ᵐ 80   —   pour 5 cordons, sur un mur de 2ᵐ 70   —

0ᵐ 66   —   pour 6 cordons, sur un mur de 3ᵐ 20   —

0ᵐ 57   —   pour 7 cordons, sur un mur de 3ᵐ 70   —

0ᵐ 50   —   pour 8 cordons, sur un mur de 4ᵐ 20   —

0ᵐ 44   —   pour 9 cordons, sur un mur de 4ᵐ 70   —

0ᵐ 40   —   pour 10 cordons, sur un mur de 5ᵐ 20   —

Ces calculs suffiront, j'espère, pour mettre tout propriétaire en mesure d'évaluer le nombre de plants nécessaires pour garnir toute espèce de mur, de façade ou pignon de maison, d'écurie ou de grange, et la distance à mettre entre chacun d'eux. Occupons-nous maintenant des précautions à prendre lors de la plantation.

Précautions à prendre lors de la plantation. — Le terrain étant bien disposé et la distance à mettre entre chaque cep étant fixée, on prépare les crossettes ainsi qu'il a été dit précédemment, page 19. On fait ensuite dans la tranchée, creusée à l'avance pour l'espalier, une petite jauge (*J.*, *fig.* 13 *et* 14, *pl.* I) de 16 à 20 centimètres de profondeur, parallèlement au pied de la muraille; et après avoir foncé cette jauge de terreau bien consommé, on y couche une crossette (*A*, *mêmes figures*) de manière que le bout opposé à son talon se relève presque perpendiculairement dans l'encoche (*E.*, *mêmes figures*) faite à l'ados du mur, où ce bout est fixé à un échalas. On recouvre ensuite la partie couchée avec du terreau mélangé avec la terre de la jauge suivante, que l'on fait immédiatement après pour coucher la deuxième crossette, qui sera plantée comme la première, et taillée comme elle à deux yeux au-dessus de terre; ainsi de suite. On se gardera de combler entièrement la jauge *J.* et surtout l'encoche *E.* Il suffit que les boutures ou crossettes y soient recouvertes de quelques centimètres de terreau mêlé de bonne terre, et d'un lit de fumier assez épais pour conserver pendant l'été la fraîcheur des arrosements nécessaires au développement des racines. Si cette jauge était entièrement remplie, il se formerait nécessairement des racines vers l'extrémité supérieure de la bouture, ce qu'il faut autant que possible éviter. Lorsque, au bout de deux ou trois ans, cette bouture aura fourni un sarment propre à être conduit au point *B* (*fig.* 13 *et* 14) du mur, il faudra ouvrir une seconde jauge à angle droit avec la première, allant directement du pied de la bouture vers le mur, et coucher le sarment dans cette jauge en laissant sortir seulement son extrémité supérieure (*voy. fig.* 15, *pl. I*). Il ne faut donc pas qu'à cette époque il se trouve des racines au point *E* (*coupe de la fig.* 13), car elles gêneraient le recouchage du sarment dans le sens selon lequel il doit être conduit ; telles sont les raisons pour lesquelles on ne comble qu'à moitié la jauge *J*, quand elle a reçu la bouture *A*.

Les crossettes enracinées et les marcottes ou chevelées se plantent exactement de la même manière ; seulement la tranchée sera plus large et les jauges plus longues. Quant aux chevelées en panier, on fait dans la tranchée une rigole assez profonde pour y loger le panier ; l'extrémité de chaque plant sera relevée verticalement dans chaque encoche et fixée à un échalas comme il a été dit en traitant de la plantation des crossettes. On gagne en général un an en plantant des marcottes au lieu de boutures. Malgré cela, on doit, pour les raisons déduites page 20, préférer les crossettes simples, ou bien les crossettes enracinées dont la reprise est plus assurée. D'ailleurs, l'avantage que semble promettre l'immense quantité de racines qui sortent de chaque œil de la chevelée, est le plus souvent illusoire ; ces racines périssent presque toutes après la plantation.

Pour terminer nos études sur la méthode de Thomery, il ne nous reste plus qu'à faire comprendre la disposition que doivent avoir les ceps avec leurs cordons sur le treillage, et les précautions à prendre pour arriver sûrement au but proposé.

Disposition que doivent avoir les ceps avec leurs cordons sur le treillage. — Dans l'ancienne méthode de Thomery, on disposait les ceps comme l'indique la figure

16, *pl. I,* c'est-à-dire suivant l'ordre naturel des nombres 1, 2, 3, 4, etc. Aujourd'hui on trouve convenable, pour garnir plus uniformément les murs dès les premières années, de disposer les ceps d'une autre manière ; et parmi les diverses combinaisons possibles, les suivantes me paraissent devoir être préférées.

Tant que le nombre des cordons ne dépasse pas 3, il n'y a rien à changer à l'ancienne méthode.

Pour 4 cordons, au lieu de l'ordre naturel 1, 2, 3, 4, on adoptera la série de progressions 1, 3, 2, 4 ; seule combinaison possible, si l'on veut qu'il y ait toujours au moins un cordon d'intervalle entre deux ceps consécutifs.

Pour 5 cordons, on prendra 1, 3, 5, 2, 4, 1, 3, 5, 2, 4, etc.

Pour 6 cordons, ce sera 1, 3, 5, 2, 4, 6, 1, 3, 5, 2, 4, 6, etc.

De 4 à 6, comme on le voit *fig.* 2 et 3, *pl. III,* on établit des séries de progressions dont la raison est 2, et non 1, comme dans l'ancienne méthode.

De 7 à 9 cordons, on établit des séries de progressions dont la raison est 3, comme suit (*voyez fig.* 17, 18 *et* 19, *pl. I*) :

Pour 7 cordons : 1, 4, 7, 2, 5, 3, 6, 1, 4, 7, 2, 5, 3, 6, etc.

Pour 8 cordons : 1, 4, 7, 2, 5, 8, 3, 6 1, 4, 7, 2, 5, 8, 3, 6, etc.

Pour 9 cordons : 1, 4, 7, 2, 5, 8, 3, 6, 9, 1, 4, 7, 2, 5, 8, 3, 6, 9, etc.

Ou mieux.... : 1, 4, 7, 3, 6, 9, 2, 5, 8, 1, 4, 7, 3, 6, 9, 2, 5, 8, etc.

De 10 à 12 cordons, ce sera des séries de progressions dont la raison sera 4. Exemple :

Pour 10 cordons : 1, 5, 9, 2, 6, 10, 3, 7, 4, 8, 1, 5, 9, 2, 6, 10, 3, 7, 4, 8, etc.

Pour 11 cordons : 1, 5, 9, 2, 8, 10, 3, 7, 11, 4, 8, 15, 9, 2, 6, 10, 3, 7, 11, 4, 8, etc.

Pour 12 cordons : 1, 5, 9, 2, 6, 10, 3, 7, 11, 4, 8, 12, 1, 5, 9, 2, 6, 10, 3, 7, 11, 4, 8, 12 ; etc.

Ou mieux : 1, 5, 9, 4, 8, 12, 3, 7, 11, 2, 6, 10, 1, 5, 9, 4, 8, 12, 3, 7, 11, 2, 6, 10.

Lorsque les murs sont très-élevés, il peut arriver que la nature du sol ne permette pas de planter les ceps aussi près les uns des autres que l'exige le nombre des cordons nécessaires pour les garnir. Dans ce cas, on peut doubler les distances indiquées précédemment, et planter de la même manière dans les intervalles un nombre égal de ceps , mais de l'autre côté de la muraille. Ces derniers , destinés néanmoins à garnir le mur du côté le mieux exposé, seront introduits par des trous ouverts pour leur livrer passage , et le mur se trouvera complètement couvert. (*Voyez figure* 18 , *pl. I.*)

Quand la disposition des lieux ne permet pas d'avoir recours à cette pratique, comme cela arrive par exemple quand on a une façade ou un pignon de maison à garnir de vignes, le seul moyen qui reste est de planter deux rangs de boutures. Le premier au moins à 1 mètre du mur, et le deuxième à 2 mètres 50 centimètres et même 3 mètres ; et , pour donner le temps à ce dernier rang de faire de puissantes racines sur place , on aura soin de ne le conduire au mur que deux ou trois ans après le premier rang : encore faut-il, avant de l'y conduire, prendre la précaution d'annuler sur chaque provin tous les yeux qui devront être enterrés dans le mètre le plus rapproché du mur, où les racines des ceps du premier rang auront déjà pris lieu de domicile. Ceux-ci , par cela même qu'ils sont plantés près du mur , devront naturellement former la série de cordons du haut du mur , tandis que ceux du second rang auront pour destination de former la série du bas , comme l'indiquent les figures 19 et 20 , *pl. I.*

Conclusions. — On voit, d'après tout ce que nous venons de dire sur la méthode de notre choix, qu'au lieu de planter la vigne en espalier tout près des murs dans des plates-bandes nivelées et destinées à d'autres cultures, comme le font généralement une foule de propriétaires et de jardiniers, nous recommandons de la planter dans une plate-bande appropriée à cette seule et unique culture, au moins à un mètre en avant du mur, et de ne la conduire à ce mur que deux ou trois ans après sa plantation : qu'au lieu de planter les ceps à de grandes distances les uns des autres et de leur faire porter des 10 à 15 mètres de cordons, d'où il résulte une végétation trop active et trop prolongée pour que les fruits puissent facilement mûrir dans notre climat, il est préférable de rapprocher les pieds de vigne d'après les calculs faits pour chaque espèce de mur, et de ne faire porter à chaque cep que 2 mètres 70 centimètres à 3 ou tout au plus 4 mètres de bras. Ce rapprochement des ceps force leurs racines à s'entrelacer et à se mêler, pour ainsi dire, les unes dans les autres ; et la végétation annuelle des vignes ainsi plantées commence et finit de bonne heure, et ne s'emporte jamais. Ajoutez à cela des engrais appropriés à la nature de la vigne lui fournissant tous les ans une nourriture substantielle, l'application raisonnée d'une taille réglée sur les principes de l'égale répartition de la sève dans toutes les parties, et vous aurez l'explication de la supériorité des produits des treilles de Thomery; produits qui ne sont égalés nulle part ailleurs, mais qui peuvent l'être, si l'on se conforme aux mêmes principes. Car il faut bien se persuader qu'à l'exception des abris fournis à quelques villages par la forêt de Fontainebleau d'une part et par les collines qui bordent la Seine de l'autre, on ne trouve dans tout le canton qui produit le chasselas dit de Fontainebleau, rien, ni dans l'air ni dans le sol, de particulièrement favorable à la culture de la vigne en treille : partout ailleurs les mêmes procédés et les mêmes soins doivent produire les mêmes résultats.

Convaincu de la supériorité de cette méthode, et désirant vivement la voir remplacer l'ancienne routine, si préjudiciable aux intérêts de tous, nous allons étudier les règles de sa culture, année par année, jusqu'à sa parfaite formation, afin de la faire comprendre dans ses plus petits détails.

§ V.

SOINS A DONNER A LA VIGNE PENDANT LES PREMIÈRE, DEUXIÈME ET TROISIÈME ANNÉE APRÈS LA PLANTATION.

Première année. — Il suffira de tenir la terre continuellement meuble ; d'empêcher l'envahissement des mauvaises herbes, par des binages et des sarclages *souvent* renouvelés ; de garantir les jeunes pousses des trop grandes ardeurs du soleil en recouvrant chaque plant d'une certaine quantité de fumier long, provenant, autant que possible, de bêtes à cornes ; de maintenir, pendant tout l'été, la terre des rigoles en état d'humidité constante, au moyen d'arrosements d'autant plus fréquents que la sécheresse sera plus grande ; de laisser les jeunes plants pousser à leur guise, et de prévenir ou détruire tout ce qui est susceptible de les arrêter dans leur développement. C'est de ces soins que dépend la réussite de la plantation. A l'automne, en novembre ou décembre, il y aura avantage à couvrir toutes les rigoles d'une couche de fumier qui, par cela même qu'il sera employé avant l'hiver, pourra être du fumier de cheval et n'aura pas besoin d'être très-consommé. Il sera bon, avant de l'étendre, de donner un labour, sans briser les mottes, aux tranchées et à leur ados. Ce labour fait avec la bêche, ou mieux avec le crochet à deux dents, a pour but de laisser pénétrer plus avant les influences de l'atmosphère et surtout de la gelée, qui rend pour l'année suivante la bonne terre à vigne meuble comme de la cendre.

Deuxième année. — Dans le mois de février de la deuxième année, on coupe rez souche les sarments les plus faibles et l'on taille à un ou deux yeux le sarment le plus fort. Cette opération faite, on attend ensuite le premier beau temps pour donner un premier labour, qui devra être fait dans le courant du mois de février, ou de mars au plus tard. Il est essentiel de choisir un beau temps sec pour donner cette façon; car il est de bonne culture de ne jamais labourer ni biner lorsque la terre est mouillée, et j'insiste sur ce principe, auquel il est urgent de se conformer, parce que la terre se ressent toute une saison d'un labour donné à contre-temps, et ne redevient meuble que l'hiver suivant. Si l'on a oublié ou négligé à l'automne de couvrir les rigoles de fumier, comme nous avons recommandé de le faire, il faut en mettre une petite couche lors de ce premier labour et la recouvrir de 5 à 6 centimètres de terre pris sur les ados. C'est alors aussi qu'il faut remplacer les boutures manquantes avec des crossettes enracinées, que nous avons recommandé de mettre en pépinière. Quant aux soins à donner pendant l'été, ils consisteront à biner et à arroser toutes les fois que le besoin s'en fera sentir; à laisser pousser tous les sarments sans exception, parce que le développement des racines, que l'on doit exciter et favoriser, est en raison directe du nombre et de la force des bourgeons; et enfin à fixer les nouvelles pousses aux échalas, pour les empêcher d'être brisées par les vents.

Les soins de l'automne seront les mêmes que pour la

première année. Seulement la couche de fumier sera plus forte, afin de donner à la terre les sucs nécessaires pour disposer les jeunes plants à donner de fortes pousses dans la saison prochaine.

Troisième année. — Nos jeunes plants exigent, à peu de chose près, la même taille, la même culture et les mêmes soins que l'année précédente. Ainsi on retranche très-près de la branche mère les sarments les plus faibles, pour que l'entaille soit promptement recouverte par la sève; on taille le plus fort sarment de manière à ne lui laisser qu'un ou mieux deux yeux au-dessus du collet ou bourrelet, à l'interstice du vieux et du jeune bois. C'est souvent de ce collet que partent les pousses nouvelles. On fume ensuite abondamment, si on a négligé de le faire à l'automne, avec du fumier d'autant plus consommé et réduit que la saison est plus avancée.

On retire pour cela des rigoles 8 à 10 centimètres de terre, que l'on remplace par le fumier. On change les échalas en leur en substituant de plus longs, pour ensuite remplir à peu près les tranchées avec 5 ou 6 centimètres de terre de l'ados, mêlée avec la terre enlevée pour mettre le fumier. La raison de cette forte fumure est, comme je le disais tout à l'heure, de disposer la terre à donner aux jeunes plants les matériaux nécessaires au développement de fortes pousses destinées à faire arriver l'année suivante les ceps jusqu'au mur. Dans ce but, on ne conserve qu'un ou *deux sarments*, que l'on fixe aux échalas au fur et à mesure de leur développement, et que l'on débarrasse avec soin des faux bourgeons ou entre-feuilles et des vrilles ou bagues, dans le but de faire tourner la sève au profit des véritables yeux, ou productions hibernales, qui seront enterrés ou sur lesquels sera assise la taille de l'année suivante.

Ces faux bourgeons et ces vrilles absorberaient, en effet, en pure perte une plus ou moins grande quantité de sève utile à l'aoûtement des productions nécessaires aux bourgeons conservés qui doivent atteindre la hauteur de deux mètres, autant que possible. Nous donnerons plus tard les raisons qui nous engagent à conserver ordinairement deux bourgeons, bien qu'un seul soit en réalité nécessaire pour continuer le cep.

Résumé. — Labourer avec soin; fumer largement,

pour exciter le développement des racines ; biner et arroser souvent, pour tenir toujours meuble et fraîche la terre des jauges et des encoches, et favoriser la sortie des bourgeons que l'on voit souvent poindre de sous terre ; tailler chaque année à un ou deux yeux sur le sarment le plus vigoureux et le plus rapproché du sol ; laisser, la première et la deuxième année, tous les bourgeons pousser à toute venue, par cela même que le développement des racines que l'on doit favoriser est en raison directe de la quantité et de la force des bourgeons ; ne conserver la troisième année qu'un ou deux bourgeons bien choisis que l'on aura soin de débarrasser des faux bourgeons et des vrilles nuisibles à leur développement et surtout à leur aoûtement ; enfin les maintenir par des supports, au fur et à mesure de leur accroissement : tels sont en résumé les soins qu'exige la culture de la vigne pendant les trois premières années, que les plants soient destinés à former des espaliers, des contre-espaliers ou des souches. Le seul but qu'on se propose, c'est de former de bonnes racines et de faire développer un ou deux bourgeons capables d'être provignés jusqu'au lieu assigné.

Soins à donner à la vigne d'espalier et de contre-espalier, l'année du provignage. — Si les soins de culture portés à la vigne pendant les trois premières années ont été couronnés de succès, les sarments de choix conservés lors de la dernière pousse auront atteint près de deux mètres de longueur ou même davantage, et auront par conséquent assez de force, au printemps de cette même année, pour être conduits jusqu'au mur. On pratique alors entre le mur et chaque chevelée une jauge de la largeur d'un fer de bêche (*voy. pl. I, fig.* 15), et de 30 à 35 centimètres de profondeur ; et, après avoir complètement supprimé les rameaux les plus faibles, on redresse avec la plus grande précaution le coude formé par chaque crossette enracinée ; et, après l'avoir fixée au moyen d'un petit crochet en bois, si besoin est, on conduit, sous forme de provin, le plus fort sarment jusqu'au mur, vis-à-vis la place qu'il doit désormais occuper, comme l'indique la figure précitée. On redresse ensuite l'extrémité de ce sarment directement au-dessous du montant qui devra plus tard lui servir de tuteur ; et, après l'avoir attaché à un bout de treillage enfoncé en terre au pied du cep et fixé au montant sus-mentionné, on remplit la jauge jusqu'aux deux tiers de bonne terre, ou mieux de fumier bien consommé ; puis on taille chaque sarment à trois, quatre ou cinq yeux, en prenant la précaution, pour les tiges n° 1, de faire autant que possible la coupe au-dessus de l'œil le plus rapproché des premières lattes horizontales qui déterminent par avance la place que doit occuper le premier cordon, car on doit commencer la formation de ce premier cordon dès cette année-là même.

Un horticulteur, du reste très-habile, dont l'ouvrage est généralement répandu, conseille d'annuler avec la serpette ou avec les ongles tous les yeux qui doivent être enterrés. C'est une faute grave qui causerait un grand préjudice aux jeunes plantations, dont l'insuccès serait même certain, dès la première année de la plantation des crossettes ; car il ne sortirait point ou très-peu de racines, et le propriétaire qui suivrait à la lettre un pareil conseil perdrait son temps et son argent. Les yeux seront au contraire soigneusement conservés dans toutes les parties du sarment qui devront être enterrées, parce que les yeux sont autant de bourgeons-graines destinés à fournir des faisceaux de racines qui donneront la vie à la bouture comme à la marcotte.

Cette petite digression, faite dans le but d'épargner aux propriétaires et aux jardiniers trop crédules le désagré-ment d'un insuccès, ne pouvait pas mieux trouver sa place ailleurs ; mais elle ne doit pas nous faire oublier que nous avons promis de donner les raisons qui nous ont fait conserver la troisième année deux bourgeons sur certains ceps. C'est, en effet, le moment, si quelques chevelées ont manqué pendant les premières années de la planta-tion, de les remplacer ; ce qui sera facile en couchant les deux sarments conservés, tout en les écartant l'un de l'autre de manière à conduire l'un d'eux à la place qu'au-rait occupée la bouture qui manque. Ajoutez à cela les accidents produits par les vents et par l'incurie ou la maladresse de certains ouvriers, et vous trouverez dès motifs suffisants pour suivre ce principe. Il serait néan-moins mieux de l'éviter, si nous n'avions pas à craindre les accidents précités, parce qu'un seul sarment con-servé acquerrait plus sûrement le degré de force desiré.

Quelques vignerons ne plantent que la moitié des ceps

nécessaires pour garnir un espalier, et font un provignage double. Cette pratique, bonne à suivre dans des cas exceptionnels, par exemple dans celui où l'on n'aurait à sa disposition que quelques boutures ou marcottes d'une variété rare, ne peut être érigée en principe.

La vigne, après avoir été provignée vers le mur, et taillée sur trois ou quatre yeux, doit fournir autant de bourgeons portant fruits ; mais il serait imprudent de laisser subsister toutes les grappes qui s'y montrent assez souvent pour la première fois : ce serait fatiguer le cep et compromettre son avenir. On en retranchera donc plus ou moins, selon la force du sujet, de manière à n'en laisser que trois ou quatre choisies. L'époque la plus convenable pour ce retranchement sera celle où les grains auront acquis la grosseur d'un petit pois ; c'est alors seulement que l'on peut bien apprécier celles qui sont à conserver ou à supprimer.

La vigne ne devenant robuste qu'en raison des bourgeons qu'on lui laisse pour élaborer une quantité de sève suffisante à son développement, tous les bourgeons productifs seront conservés, et palissés en temps convenable ; mais on aura soin de favoriser la pousse terminale de tous les ceps qui ne sont pas arrivés à la hauteur voulue, en rognant ou en pinçant les bourgeons latéraux au-dessus de la feuille qui vient après la dernière grappe, et en renouvelant ce pincement autant de fois qu'il sera nécessaire pour maintenir ces bourgeons dans de justes limites et forcer la sève à se porter vers la pousse dont on veut favoriser le développement.

Les opérations de pincement et de ravalement des bourgeons latéraux seront encore plus strictes sur les ceps n° 1 (*pl. II, fig. 3 et 4*) ; ceux-ci sont en effet arrivés à la hauteur voulue pour être cordonnés. Il s'agit ici non plus de favoriser une pousse de prolongement, mais d'obtenir deux pousses terminales propres à former les deux bras. La plupart des auteurs qui ont traité de la méthode de Thomery, prescrivent de tailler sur un œil double, ce qui n'est pas toujours praticable, les yeux doubles ne se trouvant pas toujours là où on les désire. Mais la vigne, comme nous l'avons avancé en faisant l'énumération de ses organes, est assez heureusement louée pour que tout œil soit presque toujours accompagné d'un sous-œil et quelquefois même de deux. Le problème à résoudre est donc de faire développer l'un d'eux en même temps que l'œil normal ; or, voici le moyen à employer : aussitôt que l'œil terminal a développé quatre à cinq feuilles, il faut le rogner avec les ongles au-dessus de la deuxième feuille, et empêcher la sève de tourner au profit des bourgeons latéraux en les pinçant et en les rognant à plusieurs reprises. Le sous-œil pousse alors ; et l'on a deux bourgeons partant du même point, parce que celui qui a été rogné repousse aussi et donne naissance à un bourgeon anticipé propre à le prolonger. Ce procédé, basé sur la connaissance de l'organisation et de la végétation naturelle de la vigne, réussit généralement bien et fait gagner un an pour la formation des cordons. Mais il faut pour cela que la végétation soit vigoureuse, et que l'opération soit pratiquée de bonne heure ; faite trop tard, les bourgeons qui surviennent n'auraient pas le temps de se lignifier, de s'aoûter, comme disent les jardiniers, avant la chute des feuilles. Ce qui obligerait à recommencer l'année suivante la formation des bras. Pour que ce moyen réussisse, il faut, par le pincement souvent renouvelé des autres bourgeons, forcer la sève à se porter vers les yeux que l'on veut faire ouvrir avant le temps voulu par la nature.

Si, comme cela arrive quelquefois, la bourre terminale conservée lors de la taille n'a pas de sous-œil, ou si ce sous-œil ne paraît pas susceptible de se développer, ou bien encore si la faiblesse du cep ou tout autre cause a forcé de le tailler beaucoup au-dessous de la place destinée au cordon qu'il doit former, il faut alors courber le bourgeon terminal au-dessus de la feuille qui atteint la première latte horizontale destinée au cordon, comme l'indiquent les figures 1, 3, 4, 5 et 6 de la planche *II*, mais seulement lorsque ce bourgeon l'aura dépassée de quatre ou cinq feuilles. Un bourgeon anticipé poindra souvent dans l'aisselle de la feuille au-dessus de laquelle la courbure aura été pratiquée ; mais le bourgeon provenant de l'hibernacle qui sortira l'année suivante, lui sera généralement préféré.

Première année après celle du provignage. — La vigne, l'année même de son provignage, aura fourni une passable récolte, si l'on a strictement suivi nos instruc-

tions ; mais il y a encore beaucoup à faire pour arriver à
de beaux résultats. La première chose dont on doive s'occuper au commencement de l'année suivante, c'est de
remplacer les ceps chétifs, malades, improductifs et mal
venants, susceptibles de languir et de nous priver de
récolte indéfiniment. Ces mauvais ceps, que l'on aura eu
la précaution de marquer à l'automne, devront être rem-
placés de suite, non par des crossettes ou des chevelées,
mais par le provignage des souches les plus voisines,
dont le bon rapport est assuré, et sur lesquelles on
aura laissé avec intention pousser l'année précédente
deux bourgeons à toute venue. Cette opération, qui devra
être faite dans les mois de février ou de mars au plus
tard, exige quelque adresse de la part du cultivateur. Si
l'on se contente, comme le font quelques jardiniers qui
ne réfléchissent pas, de provigner en *sautelle* un sarment
pour remplacer le cep malade sans provigner la souche
mère sur elle-même, il arrive presque toujours que
celle-ci, restant à sa place, emporte toute la sève, et le
provin ne végète pas. On devra, pour avoir un plein
succès, commencer par dégarnir le provin de l'année précédente jusqu'au coude qu'il formait avec la souche mère
avant d'être provigné. Cela fait, on approche de cette
souche mère la base des deux sarments conservés (*voyez
pl. II, fig.* 2), en faisant faire au provin enraciné une
espèce de courbe sur lui-même en forme de cor de chasse,
et en prenant toutefois les plus grandes précautions pour
ne pas faire éclater la tige ; puis on provignera ces deux
sarments en conduisant l'un à la place du cep à remplacer
et l'autre à la place qu'occupait le vieux provin, actuellement recourbé et maintenu en plein air par un échalas,
comme le représente la coupe de la figure ci-dessus dési-
gnée.

Le provignage de remplacement fait, toutes les tiges
n° 1, dont les bras déjà établis forment une espèce de V,
seront taillées à un ou deux yeux seulement, s'ils ont été
formés par des sous-yeux ou des bourgeons anticipés, et
à trois, quatre ou rarement cinq yeux s'ils sont nés d'un
œil double. Dans ce dernier cas, on ne laissera développer
à fruit que les bourgeons placés sur la partie supérieure
et à la partie terminale de chaque bras ; tous les autres
seront pincés plusieurs fois dans le cours de la saison, puis

définitivement supprimés à l'automne. Celles du même ordre dont les bras ne sont pas encore formés, seront taillées sur un œil double placé immédiatement au-dessous de la latte horizontale la plus basse, pour former exactement au droit de cette latte le premier cordon. Si cet œil double, facile à reconnaître par son large empâtement et par sa forme bilobée, ne se trouvait pas où on le désire, on raccourcirait le sarment sur l'œil le plus rapproché de son talon, où se trouvent généralement plusieurs yeux latents, qui, venant à éclore, fourniraient au moins deux bourgeons assez rapprochés pour former les deux bras.

Si la naissance des deux bourgeons cherchés est trop éloignée de la latte horizontale qui doit les porter, on les greffe par approche en faisant une *légère* entaille longitudinale sur chacun d'eux, en les accolant l'un à l'autre au moyen de fils de laine jusqu'à la hauteur voulue, et on recouvre ensuite le tout avec de la cire à greffer ; mais cette opération, qui sera faite aussitôt que possible, exige de l'habileté de la part de l'opérateur, parce que les bourgeons, dans leur jeune âge, se décollent facilement à leur talon, chose qu'il est essentiel d'éviter. Dans le cas d'insuccès, on aurait encore la ressource de la courbure, que l'on exécuterait comme nous l'avons dit plus haut. A ce défaut, la formation des bras se trouverait encore retardée d'une année ; ce qui n'arrivera jamais si l'on sait mettre en pratique les préceptes indiqués.

Les ceps n° 2 seront également taillés, d'après les mêmes principes, sur l'œil le plus près de la hauteur où doit être établi le deuxième cordon, ou à deux ou trois yeux sur chaque bras si ceux-ci étaient déjà formés. Toutes les autres tiges seront un peu plus ou un peu moins raccourcies à cette hauteur, et on prendra soin de ne laisser développer sur chaque cep que deux ou trois bourgeons portant fruits. Tous les autres, ne devant avoir d'existence que pour attirer la sève sur la tige, seront pincés, rognés, supprimés même ou tenus de court pendant toute leur végétation, pour les raisons que nous avons déjà données.

Deuxième année. — Après le provignage, les bras des ceps n° 1 sont tous commencés. Quelques-uns même, rendus à leur deuxième année, portent des sarments dont la taille doit être appropriée à la position qu'ils occupent. Ainsi, les sarments, placés sur le dessus des bras, seront taillés sur les deux premiers yeux, en comptant pour le premier la contre-bourre du talon ; et même sur la contre-bourre elle-même dans le cas où le sarment serait très-faible, de sorte que celui-ci semblera n'avoir conservé que sa couronne. On est convenu de donner le nom de *broche* à la partie du sarment qui reste après une première taille sur la partie supérieure du cordon. Chacune de ces broches donnera ordinairement naissance à deux bourgeons que l'on palissera verticalement, et que l'on arrêtera aussitôt qu'ils auront atteint 50 cent. de hauteur. S'il en pousse un plus grand nombre, on devra ébourgeonner, ou pincer les plus faibles au-dessus de leur première feuille, et les supprimer plus tard. Quant au sarment terminal chargé de prolonger chaque bras, il sera taillé à 3, 4 ou 5 yeux, jamais plus ; ayant soin d'asseoir la taille sur un œil placé du côté du mur ou en-dessous, afin que le cordon suive dans son développement une ligne droite, sans nœuds et sans coudes. On aura également soin de ne laisser développer sur ce dernier sarment que les bourgeons nés sur sa partie supérieure et terminale ; les autres devant être supprimés ou pincés très-sévèrement, pour disparaître complètement à l'automne suivant, à moins que leur conservation ne paraisse d'une nécessité absolue pour garnir des vides.

Les bras des ceps n° 2, obtenus, comme ceux du n° 1, par suite de taille, de courbure ou de pincements réitérés et dirigés comme les premiers en sens contraire à une hauteur déterminée d'avance sur le mur, seront taillés à 3, 4 ou 5 yeux, suivant leur force.

Quant aux ceps retardataires du même ordre dont les bras ne seraient pas établis, ils seront taillés sur un œil double au droit de la troisième traverse, ou rognés sur l'œil le plus rapproché de la courbure faite dans le but d'obtenir deux pousses susceptibles de former les deux bras cherchés.

Les ceps n° 3 seront à leur tour arrêtés à la hauteur de la traverse qui doit porter le troisième cordon, et conduits ensuite comme les n°s 1 et 2.

Les ceps n°s 4, 5, 6, etc., destinés à former d'autres étages de cordons, subiront plus tard les mêmes opérations que les précédents, et porteront en attendant trois ou quatre bourgeons productifs, parmi lesquels les latéraux ou inférieurs seront en temps convenable pincés et rognés au profit des bourgeons terminaux destinés à être cordonnés ou à prolonger les ceps.

Troisième année. — Par suite des tailles précédentes, les ceps n° 1 formant le premier cordon n'ont plus de productions végétantes que sur le dessus et à l'extrémité de chaque bras. La plupart des broches laissées après notre dernière taille sur le vieux bois, ont donné naissance à deux sarments chacune. Le plus éloigné de ces sarments sera, à l'époque de la taille, retranché avec une portion de l'ancienne broche, de manière que la partie supprimée ressemble un peu à une crosse, ce qui lui a valu le nom de *crossette* (*voyez fig.* 5, *pl. I*); et l'autre, plus rapproché du cordon, sera taillé à deux yeux pour former une nouvelle broche que l'on traitera l'année suivante de la même manière. Il reste après ces opérations, entre la nouvelle broche et le cordon, une espèce de tête de saule à laquelle on donne le nom de courson ou de branche coursonne (*C.*, *fig.* 2, *pl. I*); c'est, comme nous l'avons déjà dit, la branche fruitière de la vigne, dont la taille annuelle sera désormais pratiquée de manière à faire naître sur chacune, deux sarments bien constitués, toujours le plus près possible du cordon, afin que la sève puisse passer facilement du cordon dans chaque courson, et de chaque courson dans les sarments. Nous apprécierons plus tard l'importance de ces recommandations.

Quant aux sarments nés sur le bois d'un an, ceux du dessus seront taillés comme l'année précédente sur deux yeux, en comptant pour premier la contre-bourre du talon; et le terminal, ordinairement plus fort et plus long, sera taillé à 3, 4 ou 5 yeux, avec les précautions nécessaires pour continuer le cordon, suivant une ligne horizontale aussi droite que possible.

On voit, d'après ce qui précède, que l'on ne doit laisser croître de sarments et établir de coursonnes qu'en dessus des cordons, à 15 ou 20 centimètres de distance les unes des autres, et que les bras ne doivent être allongés que graduellement, que petit à petit, en taillant chaque année à 3, 4 ou 5 yeux les sarments terminaux destinés à les prolonger, et non tout d'un trait, comme pourraient y en-

gager leur force et leur longueur. Une fois que chaque bras
a atteint la longueur voulue de 1 mètre 35 centimètres à
1 m. 50, le sarment terminal est greffé avec celui du cep
consécutif appartenant au même cordon , ou bien est
transformé en courson et taillé comme tel. La taille
annuelle se réduit alors à la taille des coursonnes.

Résumé. — Après trois ans de culture, tous les ceps
qui sont munis de sarments assez forts sont provignés
jusqu'au mur, et taillés ensuite à 3 ou 4 yeux donnant
naissance à autant de sarments productifs dès l'année
même. Chacun d'eux est ensuite conduit peu à peu à la hauteur qui lui est assignée, et taillé, courbé ou pincé de manière à le faire produire deux bras horizontaux. Le temps
que les ceps qui doivent former le cordon du haut mettent
pour se rendre au lieu qui leur est destiné, n'est pas entièrement perdu ; chacun d'eux porte tous les ans trois ou
quatre bourgeons chargés chacun de deux belles grappes.

Les bras ou cordons sont formés avec la même pru-
dence ; c'est-à-dire, prolongés avec lenteur en raccour-
cissant chaque année à 3, 4 ou 5 yeux le sarment terminal de chacun d'eux, de sorte qu'ils mettent toujours plusieurs années à atteindre la totalité de leur longueur, qui,
dans la majeure partie des cas , ne doit pas dépasser un
mètre cinquante centimètres ni être moindre d'un mètre
trente-cinq centimètres de chaque côté. Alors , les cordons n'ont plus de bourgeons de prolongement : ils ne
sont plus garnis que de branches fruitières placées à 15
ou 20 centimètres de distance les unes des autres, et
offrant l'aspect représenté figure 7, *pl. II.* Ces branches
fruitières ou coursonnes n'ont été obtenues ainsi distan-
cées et si méthodiquement placées que par suite de tailles
successives et par les procédés employés sur les tiges
pour obtenir les cordons précisément à la place qui leur
était assignée.

Pour arriver à ce résultat, tous les bourgeons du devant et du dessous ont été pincés, rognés au moment de
leur végétation, et définitivement supprimés à l'automne
suivant. Les bourgeons du dessus, seuls conservés, ont été
taillés la première année sur l'œil placé immédiatement
au-dessus de la contre-bourre et de la sous-bourre du
talon, et maintenus ensuite de manière à ne laisser à
chacun que la quantité de bois nécessaire pour porter

annuellement deux bonnes bourres propres à donner naissance à deux sarments fructifères.

Lorsque tous les cordons sont complètement achevés, que toute la surface du mur est régulièrement couverte par la vigne, les soins du cultivateur se bornent à maintenir constamment la treille dans un état prospère. Il y parvient en se conformant aux principes simples et faciles qui guident le praticien éclairé dans la pratique des opérations qu'il fait subir à la vigne pendant l'hiver et pendant l'été. Essayons de les énumérer, ou plutôt de les résumer succinctement.

Opérations d'hiver. — Tout cep conduit suivant la méthode que nous venons d'exposer, n'a qu'une tige terminée par deux bras opposés, l'un à droite et l'autre à gauche, formant un seul cordon. Chaque cordon porte en dessus seulement, à 15 ou 20 centimètres de distance, des chicots de bois durs connus sous les noms de branches fruitières ou de coursonnes. Enfin chaque coursonne porte un et plus souvent deux sarments, rarement plus, qui, après avoir donné leurs fruits, occupent inutilement la majeure partie de l'espalier.

Le but de la taille d'hiver est de débarrasser l'espalier de ces sarments devenus inutiles, tout en ménageant sur chaque branche à fruit la quantité d'yeux nécessaires pour les remplacer. Le seul problème à résoudre consiste donc à faire développer sur chaque coursonne deux bourgeons propres à succéder aux deux sarments qui ont donné leur fruit, et rien n'est plus simple. Il suffit, en effet, de mettre en pratique les préceptes déjà signalés : de choisir sur chacune d'elles le sarment le plus rapproché du cordon, de retrancher tout le reste en y comprenant toute la partie de la coursonne qui est au-dessus du sarment choisi, et de rabattre celui-ci sur le premier œil bien développé, de manière à ne laisser qu'une bourre avec la sous-bourre et la contre-bourre du talon.

Par suite de cette suppression, les yeux qui restent se développent assez généralement; et les deux premières pousses, seules conservées, se transforment en deux sarments nouveaux chargés de deux grappes chacun et quelquefois plus, ce qui porte à 4 grappes au moins le produit annuel de chaque coursonne.

L'année suivante, à la même époque, l'horticulteur

pratiquera la même opération. La taille des coursonnes ou branches fruitières est, en effet, annuelle et se pratique toujours en rabattant sur le sarment le plus voisin de leur insertion pour tailler ce sarment au-dessus du premier œil qui vient après la contre-bourre du talon.

Malgré cette taille courte, il peut arriver qu'au bout de quelques années, les coursons auxquels on est obligé de laisser tous les ans un talon qui porte les bourres, espoir de la récolte suivante, s'allongent assez pour produire un long chicot et laisser entre les sarments et le cordon un vide aussi désagréable à l'œil que préjudiciable à la production du raisin.

Pour éviter ce chicot, que les jardiniers nomment *cou de grue*, et prévenir les inconvénients qui en résultent, le vigneron profite des bourgeons adventifs qui sortent assez fréquemment du talon des coursons, pour remplacer ou rajeunir les branches fruitières dont l'allongement est excessif. (*Voyez fig. 8, pl. II.*)

Les bourgeons adventifs qui poussent ainsi à l'improviste sur le vieux bois d'une coursonne ou d'un cordon, ne portent pas, il est vrai, de grappes dans l'année même qui les a vus naître ; mais leur apparition n'en est pas moins, dans quelques circonstances, une bonne fortune. L'horticulteur instruit voit en eux l'espoir futur du renouvellement des coursonnes trop allongées. Il les ménage avec soin jusqu'à la prochaine taille d'hiver, et supprime à cette époque le vieux courson avec la scie à main ou égohine, pour le remplacer par le nouveau sarment, qu'il transforme en broche en le taillant sur l'œil placé au-dessus de la contre-bourre.

Telles sont les règles applicables en hiver à la taille et au renouvellement des productions fruitières, les seules que l'on ait à tailler dans une vigne dont les cordons sont arrivés aux limites voulues. Avec de tels principes et entre les mains d'un horticulteur attentif, les coursonnes ne peuvent s'allonger que fort peu chaque année. Elles ne peuvent acquérir que rarement et lentement cette longueur démesurée que l'on voit si souvent sur les vignes conduites par une foule de jardiniers qui ne veulent se donner la peine ni de réfléchir ni de s'instruire.

La manière dont la coupe doit être pratiquée sur les diverses parties à retrancher, est loin d'être indifférente

Entrons dans quelques détails à ce sujet, pour terminer tout ce que nous avons à dire sur la taille d'hiver.

Coupe. — Le sécateur, la serpette et la scie à main sont les seuls instruments dont on fasse usage pour la taille de la vigne en espalier.

La plupart des vignerons préfèrent le sécateur comme plus expéditif, et ne se servent de la serpette et de la scie que pour supprimer les branches un peu fortes et rafraîchir la coupe. Quel que soit du reste l'instrument choisi, l'important est de couper les parties à supprimer net et très-près de l'insertion du sarment sur lequel on rabat, afin de faciliter le recouvrement de la plaie ; et de tailler également net le sarment destiné à donner naissance aux bourgeons fructifères, en ayant la précaution, dans ce dernier cas, de couper au moins à deux ou trois centimètres au-dessus du dernier œil à conserver.

Cette précaution est de la plus grande importance, parce que le centre des jeunes rameaux de la vigne est occupé par un large canal médullaire très-sensible au contact des agents atmosphériques. Par ce moyen, si la coupe faite avec soin ne peut empêcher la mortalité d'un ou deux centimètres du sarment, du moins la mort n'arrive pas jusqu'à l'œil, et la végétation de la vigne n'en est pas troublée.

Il est également essentiel que la surface inclinée de la coupe soit opposée à l'œil terminal ; afin qu'il ne soit pas mouillé par les pleurs, ce qui lui serait très-nuisible, surtout s'il survenait des gelées.

Opérations d'été. — Réduite aux principes que nous avons posés, la taille de la vigne en espalier n'a plus rien de compliqué, rien de difficile. Une heure de leçon prise, la serpette à la main, suffira en effet pour mettre le premier venu à même de la pratiquer rationnellement ; mais nous devons prévenir nos lecteurs, s'ils n'en sont déjà convaincus, que la taille d'hiver, quelque sage et bien combinée qu'elle puisse être, n'est jamais que préparatoire. Elle est souvent suivie de nombreux inconvénients, dont l'ébourgeonnement, le pincement et les autres opérations d'été sont les correctifs indispensables.

Ebourgeonnement. — Dans une vigne conduite d'après la méthode de Thomery, la sève est si également distribuée et le nombre des bourres conservées est en rapport si exact avec le but proposé et la vigueur de chaque cep , que l'ébourgeonnement semblerait devoir être sinon nul , du moins très-réduit : mais , en dépit des suppressions de la taille , la vigne produit encore plus de bourgeons qu'elle n'en doit avoir. Elle en produit de tous les côtés , et plusieurs sont souvent en opposition avec les combinaisons du cultivateur. Si on laissait tous ces bourgeons se développer, il en résulterait une confusion préjudiciable au fruit et embarrassante lors du palissage.

L'ébourgeonnement a pour objet de supprimer tous les bourgeons superflus ou mal placés qui ne seraient pas utiles aux produits de l'année ou nécessaires à la taille de l'année suivante. C'est, comme le pincement , une opération de prévoyance. De plus , en éclaircissant des productions trop nombreuses et en ne laissant que ce que le sujet peut raisonnablement nourrir , il procure aux bourgeons conservés les avantages de l'air, sans lequel il n'y a point de belle végétation.

Dans les jeunes vignes , dont les bras ne sont pas encore formés , l'opération de l'ébourgeonnement consiste à couper avec les ongles, ou bien avec le sécateur ou la serpette , tous les bourgeons improductifs , mal placés , ou susceptibles de nuire aux bourgeons sur lesquels on compte pour le prolongement du cep ou l'établissement des cordons et des branches coursonnes.

Lorsque les bras de la vigne ont atteint tout leur développement , il consiste à retrancher tous les bourgeons placés en avant, en arrière et en dessous du cordon , et à ne laisser sur chaque courson que les deux bourgeons productifs les mieux placés.

Pour ne pas donner une trop forte secousse à la circulation de la sève , les bourgeons à supprimer ne seront point retranchés jusqu'au ras de l'écorce ; mais on aura soin de leur laisser un petit talon garni d'une ou de deux feuilles , sauf à le rabattre à la taille d'hiver.

L'époque à laquelle l'ébourgeonnement doit être pratiqué n'est point indifférente. Il est évident que si l'on attend, comme cela se pratique dans beaucoup de jardins. que les bourgeons aient acquis 30 à 40 centimètres de longueur, on fera à la vigne des plaies plus considérables que si l'on eût ébourgeonné plus tôt ; on perdra avec des bourgeons plus forts une plus grande quantité de substance , dont les bourgeons voisins et toute la plante eussent profité. Enfin, en éclaircissant les bourgeons de bonne heure, ceux qui restent nourrissent mieux leurs yeux, et les branches coursonnes développent mieux leurs bourgeons, tout à la fois productifs et de remplacement. Ces observations sont surtout importantes pour les vignes faibles et languissantes.

On doit ébourgeonner lorsque les bourgeons ont atteint 5 à 10 centimètres, et cette opération doit être successive et répétée autant de fois qu'elle devient nécessaire.

Les ailerons ou faux bourgeons (*F-B.*, *fig. 3*, *pl. I*) doivent aussi être supprimés à mesure qu'ils se montrent. Il faut saisir pour cela le bourgeon principal de la main gauche, afin de le fixer, et tirer les ailerons de haut en bas avec la main droite, pour les détacher; ce qui est très-facile, parce que dans leur jeunesse ils adhèrent fort peu au sarment qui les porte. Ces faux bourgeons, généralement stériles, absorberaient en pure perte une sève susceptible d'être mieux utilisée.

Évrillement. — Il en est des vrilles, ou longs filaments stériles qui naissent à l'opposé des feuilles, comme des ailerons. Elles sont nuisibles, parce qu'elles s'allongent quelquefois outre-mesure et qu'elles ont l'inconvénient de s'accrocher à tout ce qu'elles atteignent. Si on les abandonnait à elles-mêmes, elles rendraient par leur enlacement le palissage long et difficile; et, consommant en pure perte une sève destinée à l'alimentation du raisin, l'exposeraient à couler.

Il faut donc les supprimer, en prenant la précaution non de les décoller comme les faux bourgeons, mais de les pincer en leur laissant un talon de quelques centimètres de longueur. Les vrilles sont en effet continues à l'axe qui les porte, et non articulées comme les ailerons; de sorte que si l'on procédait de la même manière, il en résulterait déchirure et perte de sève.

On doit commencer l'évrillement aussitôt que les bourgeons ont développé deux ou trois vrilles, et le répéter autant de fois qu'il est nécessaire. Les vrilles sont alors encore herbacées et se laissent enlever facilement avec les ongles.

Palissage ou *Accolage.* — A mesure que les bourgeons réservés poussent et grandissent, le vigneron doit veiller à ce qu'ils ne se glissent pas entre le treillage et le mur, éviter qu'ils soient brisés ou décollés par les vents, et les placer sur le treillage de manière à les faire jouir de tous les bienfaits de l'atmosphère.

Pour remplir ce triple but, il écartera et dirigera les uns au moyen de guides ou supports appropriés, et fixera les autres aux traverses avec des liens de jonc, de paille ou d'osier, suivant les circonstances, en prenant la précaution de les espacer convenablement.

Ceux placés sur le dessus du cordon, devant être palissés verticalement, recevront chacun deux attaches, l'une sur la latte intermédiaire et l'autre sur celle du cordon immédiatement supérieur, qu'ils ne devront pas dépasser.

Ceux qui, nés aux extrémités, doivent prolonger les bras, seront placés d'abord dans une position oblique ascendante, et ne seront abaissés sur la ligne horizontale que progressivement et à mesure que leur base deviendra assez ligneuse pour permettre d'effectuer ce mouvement sans les détacher des cordons.

Ces précautions, utiles pour le palissage des bourgeons nés des coursonnes et de l'extrémité de chaque bras, sont également bonnes à prendre lorsqu'il s'agit de courber le bourgeon terminal d'un cep pour le bifurquer. Les bourgeons de la vigne sont en effet faciles à rompre et à décoller dans leur jeune âge; aussi fera-t-on bien de ne les attacher dans le principe qu'avec des liens volants, et de ne les fixer définitivement que lorsqu'ils seront devenus susceptibles de supporter cette opération.

Pincement. — Les vignes nouvellement plantées sont, après la taille, abandonnées à leur végétation naturelle pendant les deux premières années, parce que, comme nous l'avons dit, le seul but que l'on se propose alors est d'obtenir de fortes et puissantes racines; mais, la troisième, on veut en outre faire aoûter les bourres des sarments conservés jusqu'à trois ou quatre yeux au-dessus de la longueur qui doit être enterrée : il faudra donc ébourgeonner en temps convenable ces sarments, et les pincer au-dessus du 13e ou 15e œil vers la fin d'août ou le commencement de septembre, afin de faire mûrir les yeux de l'extrémité avant les premières gelées. Ce sont ces yeux, en effet, qui devront donner les premiers fruits. De là, nécessité de les bien disposer à l'avance.

Les années suivantes, on pincera tous les bourgeons latéraux productifs immédiatement au-dessus de leur dernière grappe, dans le but de favoriser les pousses terminales destinées à prolonger le cep ou à former les cordons. On arrêtera même les bourgeons terminaux lorsqu'il sera urgent d'obtenir une bifurcation, et on renouvellera alors strictement le pincement des bourgeons inférieurs pour forcer la sève à se porter vers le haut du cep que l'on cherche à diviser.

Une fois les bras formés, le pincement consiste à arrêter les deux bourgeons conservés sur chaque coursonne lorsqu'ils ont atteint cinquante centimètres ; c'est-à-dire, aussitôt qu'ils dépassent le cordon immédiatement supérieur. C'est ordinairement au-dessus de la huitième ou neuvième feuille.

Un premier pincement ne suffit pas toujours pour arrêter l'accroissement immodéré d'un bourgeon. On pince alors une seconde fois. Il est assez rare qu'on soit obligé de recommencer une troisième.

Si l'on abandonnait à leur végétation naturelle les bourgeons conservés sur chaque coursonne, ils ne tarderaient pas à dépasser l'espace de 50 centimètres qui existe entre chaque cordon, et à aller s'entremêler avec les pousses des cordons placés au-dessus de celui qui leur donne naissance. La plupart absorberaient alors plus de sève qu'il ne leur en revient ; les plus faibles seraient *affamés* par les plus forts, comme disent les vignerons, et les yeux inférieurs de ceux-ci, espoir de la récolte suivante, ne pourraient acquérir assez de force et de maturité pour devenir de bons bourgeons de remplacement.

Le pincement, pratiqué d'après les règles que nous venons de prescrire, remédie parfaitement à tous ces inconvénients, et a de plus l'avantage inappréciable de maintenir l'équilibre entre les bourgeons, en faisant tourner en temps opportun le superflu des plus forts au profit des plus faibles. Le résultat du pincement est en effet de suspendre momentanément la pousse des bourgeons sur lesquels on le pratique, et de favoriser d'autant les bourgeons voisins qui ne sont point pincés.

D'après tout ce que nous venons de dire sur le pincement, on voit que c'est une opération de prévision plutôt qu'un moyen curatif. Il ne faut donc pas attendre, pour

en faire usage, que les bourgeons aient atteint une longueur considérable et qu'ils soient passés à l'état ligneux.
La règle d'ailleurs est on ne peut plus simple pour la
vigne conduite d'après la méthode de Thomery : *Tout
bourgeon est pincé aussitôt qu'il dépasse cinquante
centimètres.*

Ainsi, l'expérience nous prouve que sur une branche
horizontale quelconque les bourgeons de l'extrémité ont
plus de tendance à se développer que ceux de la base :
ces bourgeons sont aussi les premiers que l'on arrête.
Le pincement, en enlevant leur extrémité herbacée,
prive la sève d'une partie de ses issues naturelles. Pour
qu'elle puisse reprendre son cours, il faut qu'elle forme
des yeux nouveaux ; ce qui exige un certain temps, pendant lequel elle est entraînée vers une autre destination.
De nouveaux conduits s'établissent pour elle, et plus
tard, quand les bourgeons pincés auront façonné leurs
nouveaux moyens de développement, ils ne recevront
plus la même quantité d'aliments.

Le pincement produit donc deux effets : d'une part, il
diminue, il modère la force d'accroissement des bourgeons que l'on juge devoir devenir trop vigoureux, tout
en hâtant la maturité de leur bois et de leur fruit, et de
l'autre, il fait profiter les bourgeons voisins de la substance qui était primitivement destinée aux bourgeons
pincés.

Le pincement, comme l'ébourgeonnement et le palissage, doit suivre la marche de la végétation, et ne peut
être considéré comme fini tant que la vigne végète. Il est
même utile qu'il en soit ainsi ; parce que si l'on effectuait
toutes ces diverses opérations dans le même temps, cela
jetterait une trop grande perturbation dans la végétation
de la vigne, et la floraison en souffrirait.

Incision annulaire. — Pendant que l'on pratique le
palissage et le pincement, les grappes fleurissent, la fécondation s'opère et le raisin noue. C'est après qu'il est
noué et aussitôt que les bourgeons ont acquis vers leur
base assez de solidité pour supporter sans se rompre
l'enlèvement d'une zone d'écorce, que l'on pratique l'incision annulaire.

Cette opération, connue depuis très-longtemps par
les physiologistes, consiste à enlever sur chaque sarment

un anneau d'écorce immédiatement au-dessous de la grappe inférieure. Elle s'effectue promptement au moyen de l'instrument appelé *coupe-sève* (*voy. fig. 9, 10 et 11. pl. II*), et a l'avantage incontestable de hâter la maturation du raisin.

L'explication de ce fait est des plus simples. Nous savons que la sève ascendante monte par le tissu ligneux. et que la sève descendante descend par les parties les plus *intérieures* de l'écorce : or, l'enlèvement d'une zone de celle-ci sur un rameau quelconque, a pour résultat immédiat de mettre à nu le ligneux ; d'où il résulte une légère altération d'une partie des vaisseaux chargés de la sève ascendante, et, par suite, un certain ralentissement de circulation, utile à la formation et à la maturation du fruit. D'un autre côté, cette opération arrête la sève descendante en la privant de ses canaux propres, et la fait stagner dans les parties situées au-dessus de la solution de continuité. Les fluides nutritifs, s'accumulant alors dans la couche sous-libérienne, s'extravasent, pénètrent les couches ligneuses et se mêlent plus ou moins avec la sève ascendante qui arrive aux grappes chargées d'une sève déjà en partie élaborée. Le fruit, recevant ainsi une nourriture plus riche et plus succulente, se développe mieux et mûrit plus promptement.

Ce qui prouve que cela se passe ainsi que je viens de l'expliquer, c'est qu'après avoir fait une incision annulaire entre deux grappes, si l'on pince le bourgeon immédiatement au-dessus de la grappe qui suit cette incision et si l'on a soin de décoller les bourgeons anticipés, ou entre-feuilles, à mesure qu'ils apparaissent, les deux grappes atteignent la même grosseur et mûrissent ensemble. Si, au contraire, on laisse le bourgeon pousser à sa guise, la grappe placée au-dessous de l'incision n'est pas encore arrivée à sa grosseur naturelle, que celle située au-dessus est mûre.

Il est donc indispensable, si l'on veut obtenir de l'incision annulaire tous les avantages désirés, de conserver intacts les bourgeons sur lesquels on la pratique, et de prendre toutes les précautions nécessaires pour prévenir leur détérioration ou leur rupture : les feuilles qu'ils portent étant destinées à soutirer les sucs ascendants et à les faire passer à l'état de sucs nutritifs, que l'incision doit arrêter dans leur cours descendant et faire tourner au profit du fruit.

Cette opération exécutée avec soin mérite d'être recommandée. Elle est d'une utilité incontestable pour les contrées où le raisin ne mûrit que difficilement. Je l'ai vue avancer la maturité de quinze jours, et quelquefois de trois semaines. Les grappes sont d'ailleurs plus belles; les grains plus gros, mieux nourris, plus charnus et plus succulents.

J'ai moins de confiance dans cette opération pratiquée, comme l'a recommandé Lancry au commencement de ce siècle, dans le but de prévenir l'avortement et la coulure. Je ne comprends pas comment elle pourrait aider la fécondation et empêcher l'effet des pluies, des brouillards et des gelées. D'ailleurs, les sarments sont encore trop tendres à l'époque de la floraison, pour la supporter.

Un autre procédé opératoire consiste à faire l'incision annulaire sur le sarment de l'année précédente, à la base de la crossette, au moment même où la sève commence à monter. Cette circonstance est essentielle à observer. Si l'on opérait avant que la sève fût en mouvement, on empêcherait les sarments et les feuilles de se développer complètement. D'un autre côté, si l'on tardait trop, on n'avancerait que peu la maturité. Par ce procédé, qui est également applicable au pêcher, M. Desfontaine a vu mûrir le verjus et le raisin de Corinthe sous le climat de Paris, où ces espèces parviennent rarement à maturité.

Placement des grappes. — Lorsque les grains ont atteint le tiers de leur grosseur, c'est-à-dire vers le mois de juin, les habitants de Thomery ont la précaution de placer les grappes à une exposition convenable, et de les fixer, s'ils le jugent nécessaire, au moyen de liens en jonc peu serrés, dans la position la plus favorable à leur développement. Sachant très-bien que plus la grappe est rapprochée du mur, plus vite elle mûrit et plus elle prend cette belle couleur ambrée qui fait son principal mérite, ils ne retirent d'entre le mur et le treillage que celles qui, n'ayant pas assez d'espace pour se développer, seraient exposées à être pressées et aplaties. Celles qui s'en éloignent en sont rapprochées avec l'attention de les espacer convenablement; ce qui arrive du reste tout naturellement si le palissage et l'éclaircissement des grappes sont bien exécutés.

Suppression et éclaircissement des grappes. — Les vignerons de Thomery suppriment en outre toutes les grappes venues sur des sarments trop faibles pour les alimenter, n'en laissent que deux sur chaque sarment convenablement constitué, et choisissent ces deux grappes non par rapport à la grosseur, mais bien plutôt pour la position, la forme et la manière dont les grains sont formés et espacés.

Les grappes dont les grains trop serrés ne pourraient se développer à l'aise sont éclaircies, *cisaillées*, comme disent les habitants de Thomery, tout en plaçant les grappes. L'opération de l'éclaircissement, confiée aux femmes et même aux enfants, consiste à détruire avec des ciseaux une assez grande quantité de grains pour permettre à ceux qui restent d'acquérir tout le développement dont ils sont susceptibles. On la pratique principalement sur les espèces de muscat dont les grains sont trop serrés, et sur les grappes de chasselas destinées à être conservées pendant l'hiver. Je recommande ce procédé aux amateurs de bon goût et aux cultivateurs jaloux de leur art ; pratiqué avec soin, il leur attirera les éloges de plus d'un gourmet, surtout s'ils ne négligent ensuite aucun des préceptes de l'ombrage et de l'épamprement.

Ombrage des grappes. — Les cultivateurs intelligents ont reconnu depuis longtemps que la réverbération de la chaleur est utile à la maturation du raisin ; aussi ont-ils la précaution de ne rien laisser entre le mur et la grappe. Ils retirent avec soin les feuilles interposées, en ayant soin toutefois de ne supprimer que celles qu'ils ne peuvent déplacer sans les casser. On ne saurait trop, en effet, conserver aux bourgeons leurs feuilles ; elles sont nonseulement nécessaires à leur nutrition et à leur développement, elles sont aussi utiles pour ombrager les grappes et les garantir dans leur jeune âge des pluies abondantes et des trop grandes ardeurs du soleil. Ces mères nourrices, entre autres celles du dessus, sont les parasols, les parapluies, ou, comme disent les vignerons de Thomery, le *chaperon* de la grappe.

Epamprement. — Vers le mois de septembre cependant, époque à laquelle les grandes chaleurs sont généralement passées, on commence à découvrir les grappes, afin de leur faire acquérir cette coloration et ce parfum qui distinguent celles qui ont mûri exposées aux rayons solaires. Mais cette opération n'est faite que successivement et seulement lorsque le raisin commence à mûrir, à tourner, comme disent les jardiniers, ce que l'on reconnaît très-bien à la transparence que les grains présentent alors.

Si l'on commence trop tôt cet effeuillage, ou bien si on l'exécutait tout d'un coup, les grains perdraient de leur qualité et cesseraient tout à coup de se développer. Il faut donc saisir le moment opportun, et ne pas arracher les feuilles, mais les couper en conservant une partie du pétiole nécessaire pour la conservation des yeux.

On doit faire cette opération en deux fois : n'épamprer que le soir et le matin de bonne heure, et non lorsque le soleil donne en plein sur le mur, ou, mieux encore, choisir un jour sombre ; n'enlever la première fois que les feuilles du devant, et avoir soin de conserver toujours la feuille placée immédiatement au-dessus de chaque grappe, parce qu'elle est utile pour la préserver des pluies abondantes et de la grêle qui tombent quelquefois à cette époque de l'année.

C'est, n'en doutons pas, à tous ces soins multipliés, beaucoup plus qu'à la qualité de leur terre, que les villages de Thomery, By et Champagne doivent la réputation si justement acquise de produire, sous le nom de chasselas de Fontainebleau, le meilleur raisin qui se mange en France.

Les détails peut-être un peu longs dans lesquels nous sommes entrés en traitant de la taille et de la conduite de la vigne à la Thomery, ont eu pour but de prévoir tous les cas et d'éviter au cultivateur jusqu'au moindre embarras ; aussi nous reste-t-il peu de chose à ajouter. Néanmoins cette méthode réunit tant d'avantages, l'emporte tellement par les résultats sur celles qui se pratiquent partout ailleurs ; enfin, il est si rare de rencontrer de bon chasselas hors des communes voisines de Fontainebleau, que nous croyons ne devoir rien omettre de ce qui peut aider nos lecteurs à obtenir les mêmes résultats. Or, comme ce n'est souvent qu'après être revenu plusieurs fois sur l'étude d'une méthode, et après l'avoir envisagée sous toutes les faces, que l'on vient à bout de comprendre son mécanisme avec netteté, nous allons la comparer avec celles que l'on suit le plus généralement dans le reste de la France.

Méthode de Thomery.	**Méthode commune.**
SES AVANTAGES.	SES INCONVÉNIENTS.

Les plates-bandes sont généralement disposées en pente fortement inclinées vers les allées, composées, autant que possible, de bonne terre, bien meuble, riche en humus, retenant bien la chaleur, perméable à l'eau, à l'air et à la lumière, et ne reçoivent que des vignes qui y parcourent régulièrement et promptement leurs diverses périodes de végétation.

Les murs, souvent recrépis et blanchis afin de détruire les insectes et de réfléchir la lumière et la chaleur, sont en outre munis de chaperons de 20 à 25 centimètres de saillie, qui, en empêchant les grandes pluies de laver et d'imbiber les fleurs, préservent de la coulure et des gelées, en soustrayant les jeunes pousses aux brouillards qui précèdent et annoncent le froid, et au rayonnement nocturne, principale cause de la gelée.

Le plant se compose de crossettes toujours choisies sur les ceps qui portent les plus beaux fruits, dans le but de perfectionner l'espèce, et plantées très-près les unes

Les plates-bandes sont le plus souvent de niveau avec les allées, plantées tout à la fois de pêchers, d'abricotiers, de poiriers, de vignes, etc. Elles sont en outre souvent composées de terre forte, froide et fraîche, qui donne tardivement à la vigne une rapidité de croissance et un luxe de végétation extraordinaires : mais cette végétation parcourt ses périodes avec lenteur, et se prolonge souvent jusqu'aux gelées.

Les murs, ordinairement mal entretenus, n'ont que des chaperons de 5 à 6 centimètres de saillie, et le plus souvent n'en portent pas du tout, de sorte que les jeunes pousses et les fleurs, soumises à toutes les intempéries des saisons, coulent et gèlent fréquemment.

Le plant se compose de chevelées provenant de ceps souvent ruinés ou dégénérés, et plantés à de grandes distances dans de très-petits trous pratiqués au pied du des autres à 1 mètre en avant du mur, dans des tranchées pratiquées avec soin.

Chaque plant est cultivé, taillé et soigné sur place pendant trois ans, dans le but de l'y faire fortement enraciner. Il est ensuite provigné avec soin vers le mur, pour multiplier ses racines et les distribuer de manière à les faire jouir de toutes les richesses du sol et des bienfaits des agents atmosphériques.

Chaque cep ne fournit qu'un seul cordon de 2 mèt. 70 cent. d'étendue, et n'arrive au lieu où il doit s'étendre en cordon qu'en faisant un trajet de 50 cent. chaque année, l'excédant étant annuellement supprimé à l'époque de la taille.

Les cordons sont établis à 50 cent. les uns des autres ; de sorte qu'un mur de 2 mèt. 70 cent. d'élévation en porte 5, et leurs bras ne sont allongés chaque année que de 25 à 40 cent. au plus, taillés en conséquence sur 3 ou 4 yeux, de manière à former une ou deux branches coursonnes seulement, toujours placées en-dessus du cordon, et espacées entre elles de 16 à 20 centimètres.

mur, avec assez peu de précaution.

On s'inquiète peu de la formation et de la distribution des racines, qui croissent comme elles peuvent. La plus belle pousse de chaque plant est aussitôt utilisée et palissée sur le mur, dans le but de le garnir le plus promptement possible.

La vigne, dans presque tout le reste de la France, est étendue en éventail sur les murs, ou bien en cordons de 15 à 20 mètres de longueur, et la même vigne forme souvent plusieurs étages de cordons. On profite de toute la vigueur des jeunes pousses, et on se hâte de faire arriver le cep à la hauteur voulue.

On laisse 65 centimètres d'intervalle entre chaque cordon de vigne, ce qui fait qu'un mur de 2 mèt. 70 cent. ne peut en porter que 4 ; d'où il résulte que l'on obtient, sur une surface égale, un cinquième de moins de récolte. Leurs bras, conduits de manière à garnir promptement le plus d'espace possible, sont taillés jusqu'à 1 mètre de longueur, et donnent naissance dans la même année à une multitude de coursonnes prises sur toutes les parties des cordons et à des distances le plus souvent inégales.

Chaque branche coursonne est annuellement taillée sur le premier œil bien développé du sarment le plus rapproché du cordon, sans compter la contre-bourre et la sous-bourre ; de manière enfin à faire naître et à ne conserver que deux bons bourgeons productifs, propres à remplacer les deux sarments qui ont porté fruit, et à n'allonger que le moins possible la branche coursonne.

Les coursonnes, taillées presque toujours trop long, se chargent de bourgeons inégaux, les uns stériles, les autres fertiles, s'allongent beaucoup chaque année et deviennent souvent des espèces de têtes de saule d'où sort ensuite une multitude de bourgeons qui se nuisent entre eux en se disputant la sève, l'air et la lumière.

Les ceps ainsi chargés de peu de végétation, formés graduellement et avec lenteur de bois bien aoûté, c'est-à-dire, d'organes élémentaires perfectionnés, portent alors avec moins de précipitation et distribuent plus également au petit nombre de branches coursonnes qu'ils ont à entretenir, une sève suffisante et enrichie d'une foule de matériaux déposés à l'automne de l'année précédente dans les organes élémentaires, qu'elle traverse.

Les vignes, conduites à la hâte jusqu'à la hauteur voulue et chargées de cordons d'une longueur excessive, se saturent alors de l'humidité de la terre, la portent avec précipitation aux trop nombreuses productions des cordons, dont l'aspiration est incessante, et la leur distribuent avec d'autant plus d'inégalité que les branches fruitières sont nombreuses, inégalement espacées, et de forces tout à fait disproportionnées.

Les cultivateurs de Thomery savent très-bien que la cause réelle de leurs succès réside dans l'équilibre de végétation qu'ils établissent et maintiennent dans toutes les parties de la vigne. Aussi, mettent-ils tout le temps con-

Les cultivateurs ordinaires, ne se doutant pas de l'importance de l'égale répartition de la sève, laissent les cordons s'étendre et s'allonger outre mesure, et s'empressent de leur donner, dès les premières années, toute

venable à former les cordons, à choisir et rapprocher les yeux dont ils veulent faire des coursons, à n'établir ceux-ci que successivement, et à des distances prescrites. Ceux près de la tige sont déjà constitués lorsque ceux des extrémités commencent à naître ; de sorte que la sève s'est frayé des canaux, a déjà contracté l'habitude de filtrer dans les coursons du centre, et a ainsi moins de tendance à se porter vers ceux des extrémités : aussi toute la longueur des cordons est-elle garnie de parties également productives.

Tous les bourgeons des coursons, disposés avec ordre sur le dessus des cordons, sont palissés verticalement, avec symétrie, et pincés aussitôt qu'ils atteignent la hauteur de cinquante centimètres. Ils se forment et mûrissent de bonne heure, et le pincement opportun de ceux qui menacent de l'emporter sur les autres, arrêtant pour quelque temps leur végétation, fait tourner au profit des yeux de leur base et surtout des bourgeons faibles la sève qu'ils auraient absorbée en pure perte.

la longueur qu'ils doivent avoir. Aussi les yeux, et par suite les coursons se trouvent-ils disposés çà et là, tantôt trop rapprochés, tantôt à une grande distance les uns des autres. D'un autre côté, la plupart des coursons, sur un cordon ainsi improvisé, se trouvent être du même âge : alors ceux de l'extrémité conservent toujours des éléments de vigueur beaucoup plus considérables que ceux plus rapprochés de la tige ; la sève, qui tend déjà naturellement à se porter vers l'extrémité des cordons, se trouve par là excitée à suivre ses penchants et s'y porte avec impétuosité. Il en résulte de grands espaces qui ne produisent que peu de chose ou même rien.

La plupart des bourgeons, placés irrégulièrement, sont palissés plus ou moins obliquement et sans ordre. Ils s'aoûtent alors inégalement, lentement et tardivement, et le pincement de ceux qui l'emportent sur les autres est inefficace pour maintenir l'équilibre et empêcher la sève de suivre sa tendance naturelle.

Le pincement produit d'autant plus d'effet sur les treilles dirigées d'après la méthode de Thomery, que chaque cep ne porte que deux bras, et que chaque bras n'a à nourrir que 16 à 18 *bourgeons* dont la différence de vigueur n'est jamais très-sensible. La sève, arrêtée dans l'un d'eux par un pincement fait en temps convenable, passe promptement dans les autres. De là, égale répartition de la sève dans toute la plante; de là, l'équilibre si nécessaire à la forme de l'arbre et plus encore à la perfection des produits; de là, un bois plus tôt formé et mieux aoûté; de là, enfin, des fruits plus mûrs et plus sucrés : car, comme disent les vignerons, le bois et le raisin mûrissent ensemble; tant que le bois n'est pas mûr, le raisin ne peut mûrir.

Ajoutons que les habitants de Thomery ne laissent sur chaque sarment que deux grappes choisies, les autres étant supprimées lorsque les grains ont acquis la grosseur d'un tout petit pois, et que l'épamprement est exécuté à deux ou trois époques différentes et avec la plus grande habileté, afin de hâter la maturité des fruits et surtout de leur donner la teinte attrayante et le parfum délicieux que le soleil peut seul produire.

Le pincement produit d'autant moins d'effet que chaque cep porte des cordons d'une longueur excessive, pourvus d'une multitude de bourgeons dont la différence de vigueur est souvent considérable. Ceux des extrémités sont ordinairement très-forts et ceux du centre très-faibles, languissants; et comme ils sont inégalement espacés et souvent très-éloignés les uns des autres, ils conservent toujours entre eux une inégalité de force que rien ne peut faire disparaître, et qui devient pour toujours un obstacle insurmontable à la parfaite maturation des sarments et à l'équilibre de végétation si nécessaire à la perfection des fruits, qui dans une vigne ainsi conduite ne sont passables que vers l'extrémité des cordons.

Dans l'ancienne routine, au contraire, rien n'est supprimé; on conserve tous les fruits bien ou mal placés, et l'épamprement est généralement négligé ou mal exécuté. Aussi, les fruits restent-ils verts, inégaux et tardifs, véritable verjus enfin, indigne de paraître sur la table de l'homme civilisé.

Peut-on s'étonner maintenant de la différence des produits, lorsqu'au lieu de laisser courir une vigne sur le haut d'un mur en cordons d'une longueur démesurée, on lui consacre un bout d'espalier, ou même un espalier tout entier. Lorsque sur cet espalier, à 20 ou 25 centimètres de terre, on forme un cordon d'une longueur calculée à l'avance ; qu'à cinquante centimètres de celui-ci on en forme un autre, et ainsi de suite ; qu'on palisse les pousses aussitôt qu'elles sont susceptibles de l'être ; qu'on les pince lorsqu'elles arrivent au cordon immédiatement supérieur ; qu'on supprime les rameaux sans fruit, pour faire passer la sève au profit de ceux qui en ont, etc., etc. : n'est-il pas évident que par une pareille méthode l'ordre aura remplacé la confusion ; que les raisins, recevant tout à la fois et les rayons directs du soleil et ceux réfléchis par le mur, mûriront plus tôt, tout en devenant plus gros, plus colorés et plus succulents ; que, de plus, l'espalier sera aussi agréable à l'œil qu'il est désagréable par l'ancien système. — Il y a donc tout à gagner en adoptant la méthode de Thomery. La besogne y est toute tracée. Il n'y a plus qu'une marche certaine et régulière à suivre, sans s'écarter, pour atteindre le but, de toute taille rationnelle, c'est-à-dire pour concilier la précocité, la bonne qualité et l'abondance des fruits avec la vigueur et la santé parfaite des ceps. Dans l'ancienne méthode, au contraire, le jardinier doit rester en délibération, sa serpette à la main, pour examiner comment il convient de tailler, comment il doit palisser ; quels bourgeons il doit supprimer, favoriser ou conserver, etc., etc.

OBJECTIONS. — Des objections ont cependant été élevées contre la méthode de Thomery. Examinons les deux principales.

Première objection. — La longueur du temps nécessaire pour l'établir la rend inabordable aux locataires.

Il faut, en effet, 8 à 9 ans pour l'établissement d'une treille à la Thomery. On conçoit qu'un locataire non excité par l'aiguillon puissant de la propriété, ne prenne la résolution d'établir une semblable treille qu'autant qu'il n'est pas menacé de la léguer à un successeur au moment même où elle doit le récompenser de ses soins assidus et vigilants. Mais le propriétaire, pour qui l'augmentation des produits du sol doit être le principal mobile, et qui, du reste, n'a pas les craintes du fermier, doit se hâter d'adopter et de faire admettre cette méthode, dût-elle retarder ses premières jouissances. Une fois établie, il n'en est point de plus productive : les coursons se trouvent répartis avec une égalité parfaite sur les cordons; les sarments recouvrent le mur en entier, avec symétrie et sans y laisser aucun vide. Tant d'avantages font plus que compenser un léger retard et une légère perte de temps, si perte il y a.

Deuxième objection. — L'obligation de lui sacrifier un mur à l'exclusion de tout autre arbre, la rend impraticable dans une propriété d'une médiocre étendue.

Cette objection serait fondée si on était forcé, pour garnir une petite surface; par exemple un espace de 3 ou 4 mètres précédemment occupés par un arbre, de conserver aux tiges la direction verticale indiquée pour des treilles d'une étendue indéfinie, comme le représente la *fig.* 12, *pl. II.* On ne pourrait, en effet, en suivant à la lettre les principes que nous avons posés, donner à la treille la forme carrée qu'en faisant acquérir aux bras de chaque cep une longueur inégale; ce qui serait essentiellement contraire au premier principe de tout système de taille, à l'équilibre des liquides séveux, dont l'égale répartition est si nécessaire à la prospérité de tout arbre à fruit : mais rien n'empêche d'incliner les tiges de manière que les points de départ des bras de tous les ceps soient sur la verticale passant sur le cep central, comme le montre la *fig.* 13, *pl. II.* Cette inclinaison des tiges, à laquelle la vigne se prête docilement, est aussi simple que facile, n'est nullement nuisible à la circulation de la sève, et suffit pour obtenir dans un espace plus ou moins restreint une treille régulière dont chaque cep ne porte, comme à Thomery, que deux bras parfaitement équilibrés et d'une étendue telle que chacun n'a à nourrir que 6 ou 10 coursons au plus, chose essentielle pour maintenir l'équilibre de la végétation.

Une vigne ainsi conduite n'occupe qu'une surface de mur très-limitée, et peut néanmoins fournir une assez belle récolte. En effet, je suppose qu'un cultivateur ne puisse livrer à la vigne que 4 mètres d'un mur ayant 2 mèt. 70 cent. d'élévation, hauteur moyenne de nos murs de jardin. On pourra, dans cet espace, planter cinq vignes à 80 centimètres les unes des autres. Ces cinq vignes formeront cinq cordons étagés de 50 en 50 centimètres, et ayant chacun 4 mètres de longueur. Chaque cordon sera garni de 20 coursons à 16 ou 20 centimètres de distance les uns des autres. Ces 20 coursons, taillés à deux yeux, donneront quarante sarments produisant chacun deux grappes d'excellent raisin; total, 80, qui, multiplié par 5, porte à 400 le nombre de grappes produites sur une partie de mur offrant en tout 10 mètres carrés de surface. Or, je le demande, existe-t-il à la campagne un propriétaire, un fermier qui soit dans l'impossibilité de livrer à la culture de la vigne une pareille superficie, qui, convenablement cultivée, est susceptible de fournir en raisin d'excellente qualité la table la plus exigeante? Non sans doute. La matière et l'espace ne manquent pas plus à l'agriculture que les moyens de les faire produire et d'en tirer bon parti; ce qui manque, ce qui fait défaut, c'est l'instruction agricole, c'est la connaissance des bonnes méthodes de culture.

Réflexions. — La méthode que je viens d'analyser renferme les préceptes suivant lesquels est produit le célèbre chasselas de Fontainebleau. Ses résultats prouvent que la surface des murs, si généralement négligée dans les grandes cultures, bien que la plus coûteuse des propriétés, peut produire, entre les mains d'hommes habiles, autant et plus que la surface du meilleur sol. Où trouver, en effet, une superficie, autre que celle des murs, susceptible de rapporter 40 grappes de raisin par mètre carré? Evidemment, l'agriculteur qui néglige une telle propriété, qui construit des murs de clôture de manière à ne cultiver que la moitié de leur surface, n'en connaît pas la valeur productive. Car je ne puis croire qu'il consente de gaieté de cœur à se priver de la moitié du produit de la partie la plus féconde de sa propriété, pour le plaisir de s'encastrer et d'étouffer le promeneur par la réflexion de rayons calorifiques qu'il est honteux de voir tourner contre l'homme, lorsqu'il est si avantageux et si facile de les diriger au profit de la production de la vigne ou de tout autre arbre fruitier.

L'usage de construire les murs de clôture sur l'extrême limite de la propriété ne prend point sa source dans un

pareil égoïsme, aussi ruineux pour l'agriculteur que désagréable au promeneur. Cette routine, dont le propriétaire est victime le premier, ne peut être attribuée qu'à
l'ignorance des bonnes méthodes, qui ne sont point assez
propagées. Que ne puis-je, chers lecteurs, vous trans-
porter tous au mois d'août ou de septembre dans les villages de Thomery, Effondray, By et Champagne, pour
y contempler les murs des chemins, les pignons et les
façades de maison, tous tapissés de verdure et de fruits
délicieux sur lesquels l'œil se repose avec tant de délices !
Vous ne tarderiez pas à vous convaincre que de toutes
les surfaces susceptibles d'être cultivées, il n'en est pas
de plus productive que celle des murs, et vous vous
empresseriez de suivre l'exemple des industrieux habitants de ces villages. Vous feriez désormais construire vos
murs de manière à laisser en dehors de vos enclos une
zone de terre de 1 mètre à 2 mètres de largeur, pour fournir la nourriture à des vignes propres à donner des raisins pour la table ou pour la cuve ; conciliant ainsi vos
intérêts avec ceux du promeneur, qui, en reconnaissance
de la somme d'air et de lumière que vous lui concéderiez,
respecterait ces fruits qui ne peuvent tourner qu'à l'avantage de tous.

A défaut de cette leçon d'économie rurale, non accessible à chacun de vous, je vous convie pour la même
époque au Jardin des Plantes de Nantes, où vous verrez,
à droite en entrant, un mur de 88 mètres de longueur sur
4 mètres 25 centimètres de hauteur sous chaperon, garni
dans toute sa longueur de vignes disposées d'après la méthode de Thomery, sur huit cordons distants entre eux
de 50 centimètres ; et vous sortirez de là convaincus que
le propriétaire qui construit un mur à une bonne exposition, sans conserver la quantité de terrain nécessaire à
une plantation, se conduit comme un homme atteint
d'aberration mentale, comme un dissipateur ou un mi-
neur pour la gestion des propriétés duquel la famille ou,
à son défaut, la société devrait nommer un régisseur.
Réfléchissez combien cette routine de construire les murs
sur la limite extrême de chaque propriété, et d'en con-
damner une face à la stérilité, est préjudiciable à la société
non moins qu'au propriétaire lui-même. Que chacun cal-
cule ce que rapporteraient ces longs pans de murs élevés

à grands frais qui renferment, soit aux abords des villes. soit dans les villages, soit en pleine campagne, les enclos, jardins, parcs des particuliers. Par exemple, à Nantes même, examinez quel énorme développement de murs borde la ville, depuis les routes de Rennes, de Vannes jusqu'aux Folies-Chaillou et Chantenay, ou les propriétés adjacentes aux routes de la Jonnelière, de Carquefou, de Paris, de Vertou, de Clisson, etc. Il y a là une superficie improductive de vingt kilomètres peut-être. Supposez un instant que cette surface immense soit couverte de vignes donnant, d'après la méthode ci-dessus, 40 grappes par mètre carré. Que de richesses nouvelles ! Ces raisins si rares aujourd'hui, qu'ils ne paraissent que sur quelques tables privilégiées, abonderaient sur le marché, deviendraient l'aliment savoureux et sain de l'artisan et du pauvre, condamnés par l'ignorance actuelle à ne manger qu'un verjus acerbe, cause de tant de maladies.

Lorsqu'un si grand nombre de nos semblables souffrent déshérités de jouissances et de biens que la nature prodigue à tous, et qu'il serait si facile de leur restituer, n'est-ce pas un crime contre la volonté divine d'empêcher de naître ces biens ; de stériliser un puissant moyen de production, non-seulement pour soi-même, mais encore pour le malheureux qui pourrait, par la culture de ces murs, étancher sa soif, apaiser sa faim, et entourer de bien-être lui et sa famille ? A la vue d'un système si vicieux, osons dire si criminel, qui ne serait tenté de s'écrier : Riches propriétaires, et vous, magistrats des humbles communes et des cités opulentes, vous cherchez à créer des ressources à l'ouvrier, aux nécessiteux. Eh bien ! vous en avez à votre portée de merveilleuses : osez sortir de la routine engendrée par la méfiance et l'égoïsme. Cette surface extérieure de vos murs, qui ne vous rapporte absolument rien, prêtez-là aux indigents ; vous allez, sans qu'il vous en coûte, leur donner un travail facile, agréable, et des récoltes abondantes. Que de familles trouveraient l'aisance qui leur manque, non pas peut-être dans la culture des pêchers, des abricotiers et autres arbres plus difficiles à conduire, et d'un revenu moins certain, mais dans celle de la vigne, qui, par la simplicité des soins qu'elle réclame, est accessible à toutes les intelligences et à toutes les forces. Le père de famille ferait les travaux de plantation, de bêchage, de dressage et de taille ; la mère et les enfants se livreraient, en se jouant, aux opérations de l'ébourgeonnement, du pincement, du palissage, du placement et de l'éclaircissement des grappes, de l'épamprement, de la récolte et de la vente. Au lieu de ces murs nus, brûlants à l'œil et dégoûtants quelquefois, qui déshonorent l'entrée des villes, quel changement! le village, la cité, sont parés d'une riante ceinture de verdure et de grappes vermeilles ou dorées, qui caresse agréablement le regard ; une pensée de civilisation et d'humanité réjouit l'esprit à l'aspect d'une famille naguère désœuvrée et souffreteuse, occupant ses loisirs à soigner des ceps qui la paient en fruits abondants. Saints travaux d'horticulture qui, donnant à l'homme le bien-être, lui inspirent des idées de calme et d'ordre, d'amour du sol et de la paix ! On bénit le propriétaire et le magistrat qui ont ainsi soulagé quelques-uns de leurs semblables, en servant l'intérêt de tous ! Mais avant de réaliser cette œuvre de bienfaisance fraternelle, peut-être faut-il, hélas ! sacrifier encore à l'intérêt égoïste. Soit : composons avec lui. Qu'il adopte notre méthode pour utiliser les murs : s'il ne veut pas en concéder gratuitement la mise en valeur, qu'il l'exploite. Des journaliers, des artisans, des pauvres de toute espèce s'offriront en foule pour affermer la culture d'une certaine étendue de murs, en abandonnant au propriétaire une part du produit. Ce n'est plus un don, un acte méritoire ; c'est une exploitation nouvelle qui bénéficie au riche et au pauvre, qui ajoute à la somme des richesses et de l'aisance, et qui, au point de vue de l'économie sociale et de la philanthropie, est encore digne d'être encouragée.

Voilà, dirons-nous à ceux qu'effraient les plans de régénération complète de la société, voilà une réforme bien simple, qui ne porte que sur un point bien vulgaire et négligé jusqu'ici : l'application en est facile ; il n'est pas de propriétaire qui ne puisse, à son grand bénéfice, en faire l'essai. Les avantages sont évidents : exploitation de ressources perdues, création de richesses nouvelles, travail attrayant, assistance et bien-être donnés à des malheureux que l'inaction condamne à la souffrance, à la dégradation, et à la révolte contre l'ordre social; amour du sol et des travaux horticoles inspiré à des hommes, à des en-

fants qui s'étiolent dans les ateliers encombrés et délé-
tères des villes. Pourquoi donc ne pas l'adopter à l'instant?
Allons, à l'œuvre, vous tous qui ne seriez pas fâchés, en
accroissant votre revenu, de venir en aide au malheur!
Ne cherchez pas dans l'immensité des réformes que la
société réclame un prétexte pour n'en commencer
aucune. Prenez l'initiative, même par une amélioration
peu sensible; le progrès se propagera de proche en
proche, et on vous tiendra compte de la pierre, si petite
qu'elle soit, que vous aurez fournie à l'édifice.

TABLE.

Nantes, Impr. L. GUÉRAUD.